你的奋斗终将伟大

洪雪珍————

著

中国出版集团
东方出版中心

图书在版编目（CIP）数据

你的奋斗，终将伟大 /洪雪珍著. -- 上海：东方出版中心，2019.9

ISBN 978-7-5473-1520-0

Ⅰ.①你… Ⅱ.①洪… Ⅲ.①成功心理－通俗读物 Ⅳ.①B848.4-49

中国版本图书馆CIP数据核字（2019）第178507号

策　　划：薛纪雨
　　　　　徐玺玺
责任编辑：徐建梅
封面设计：仙　境

著作权合同登记号　图字：09-2019-796

《你的强大，就是你的自由：5个领悟，让你进退职场都灵活》　文字：洪雪珍

本书简体字中文版由有方文化有限公司经台湾巴思里那有限公司授权北京时代华语国际传媒股份有限公司出版

简体字中文版，版权所有，未经有方文化有限公司书面同意，不得以任何方式作全面或局部翻印、仿制或转载

你的奋斗　终将伟大

出　　版：东方出版中心
地　　址：上海市仙霞路345号
发　　行：东方出版中心
　　　　　北京时代华语国际传媒股份有限公司
电　　话：（021）62417400
邮政编码：200336
经　　销：全国新华书店
印　　刷：唐山富达印务有限公司
开　　本：880×1230毫米　32开
字　　数：150千字
印　　张：8.5
版　　次：2019年9月第1版第1次印刷
ISBN 978-7-5473-1520-0
定　　价：42.00元

有一次家族聚餐之后，我和侄儿一起坐地铁，难得小聚片刻，由于他刚大学毕业，我就问他有什么计划。他回答："不想太拼。"

工作，意味着什么

侄儿毕业的台湾科技大学，是排名不断往前蹿的大学。他读的是信息领域科系，一旦进入就业市场，前途一片光明。更何况他的 TOEIC 考试近满分，进外企绝对没问题。这时候，他应该是热血沸腾，可怎么才站在白色的起跑线上，就显得有气无力？这不免令人感到奇怪。我问他想做什么？

"我想过自己的人生，做自己有兴趣的事。"

"比如什么？"

"做面包。"

可是我从小看他到大，从来不知道他的志向是当面包师，这是什么时候天外飞来的一笔？

他妈妈看懂我一脸的疑惑，在旁边帮忙解释。侄儿为了做毕业设计，没日没夜，一个月进出医院两次，被折腾到不成人样。虽然事后专题得到第一名，侄儿还是感到不值得，认为以后进入社会，为了绩效把命给拼没了，一点意义都没有，所以决定人生轻轻松松过就好，比如做面包——很浪漫，不是吗？侄儿说：

"我不想太拼，工作不是人生的全部。"

"我不想要功成名就，只想要幸福快乐，这样就很满足。"

这两种说法，在年轻人的圈子里经常听到，好像不努力工作，生活就可以达到很理想的平衡状态，每天过着幸福快乐的日子。网络上疯传的一些"心灵鸡汤"，也不断强化类似的信念，认为事业成功的人失去得更多，还不如一般人幸福快乐。

富翁比渔夫多了什么

一名富翁到小岛度假，雇用渔夫当导游。几天相处下来，富翁很欣赏渔夫的勤奋实在，表示愿意投资他买一条渔船，捕更多的鱼，等赚到第一桶金，再买第二艘、第三艘渔船，拥有自己的船队。二十年后，渔夫就可以像他一样，每年有一个月悠闲地在小岛上度假，享受人生。渔夫觉得好笑，他回答富翁："你辛苦二十年，每年只能有一个月来小岛度假；可是我却天天都在小岛，过着你辛苦二十年才有的生活。"

　　这个故事仿佛在说："你本来就可以这样享受人生，并不需要那么努力。"这听在努力工作的人的耳朵里，犹如和风吹拂，脑子跟着也开了窍。他们突然开悟，是啊，既然努力的目的是享受人生，那又何必汲汲营营，直接从一开始就享受人生不就得了？

　　可是故事如果在此打住，不过是一碗庸俗的"心灵鸡汤"。后来，这个故事被加了一段回马枪，新版本是富翁接着跟渔夫说："可我们的人生结局不一样。你终其一生，只能在这个小岛生活，我却可以自由选择地球上的不同小岛。"

　　是的，辛勤工作、努力赚钱，求的无非"自由"二字。而什么是自由？指的是"选择的自由"。

只靠一技之长与努力工作，并不够

　　我儿子大学读的是机械系，暑假去一家工厂实习，受到了极大震撼。在刺耳的机器噪音下，任职十多年的铣床师傅们每天做足八小时，埋首苦干，一刻不得闲，连说话的时间都没有，月薪不过两万七千台币（约人民币5 921元），就算领了全勤奖金也不足三万台币（约人民币6 579元）。工作粗重，动作重复，人人都有职业伤害，可是他们还是咬着牙、忍着痛继续做下去，仿佛身上有千斤重的枷锁，挣脱不得。

儿子说："工作薪水低，又无前途，我很难想象有人会死守着做一辈子，太没有希望了。"

所以，光是凭着一技之长，以及朝九晚五地埋首苦干，是无法还给你人生的自由、工作的选择权的。而这样的现象，将随着全球化、AI化，越演越烈。你怎么拿到自由？不如读读这本书，学着逼自己一把，努力奋斗让自己全方位强大。

应美国《生活》（Life）杂志之邀，知名摄影师乔·麦克纳利（Joe McNally）给著名的芭蕾舞剧演员帕萝玛·赫蕾拉（Paloma Herrera）拍照。所有的舞姿，帕萝玛做来皆优雅自在、浑然天成，毫不受限。拍完之后，乔提出一个冒昧的要求：能不能拍她脱下舞鞋的赤脚？当帕萝玛的鞋子一脱，在场的人无不倒抽一口气，那不仅是一只伤痕累累、趾甲乌青的脚，还是一只骨骼严重扭曲的脚。

《生活》杂志把这张左脚着舞鞋、右脚赤足的照片刊登出来，感动了无数人，进场看芭蕾舞的观众增加了15%，而这张照片也广为流传，其图注写道：

"右脚是我的人生，左脚是别人眼中我的人生。"

你想要自由，过自己的人生，犹如帕萝玛自由地跳跃、飞翔、旋转吗？那么，凡是能够过上别人眼中自己人生的人，背后都有一只右脚，经历过严酷的训练，以及坚毅的自律、不懈的努力。

五大职场核心素养，你的奋斗终将伟大

重点来了，如何奋斗？我在书里，层次分明、由低到高，提出了五大素养，帮助你用持续精确的努力，不断实现自我成长与认知升级。

★自卑与超越

认清自己的能力与价值！别担心，每个人都会自卑。有时，你和理想之间就只差一个自卑的距离。

每个人都有天赋，这是老天藏在你身上的礼物，去察觉它、辨识它，并且培养它、发展它，让它成为你的核心能力。在你还没有找到它，以为自己一无所有时，学习向"没有"借东西，从相反的视角，看到自己独一无二的亮点。

★ 正确的选择，关乎方向

看透职场秘诀，选择适合自己的战场，站在风口，猪都会飞！

要学会看产业趋势，尽量选择明星产业。站到风口，跟着大势飞扬，事半功倍。埋首苦干之余，记得抬头观察天色的变化。

★职场厚黑学：职场的艺术

这世上，没有谁是应该对你好的，除了你的父母。既然职场就是战场，那就强化战斗力，认清江湖险恶，学好一套防身功夫。

★钝感力，大智慧

强者与弱者的区别，还在于心理素质。就算你怀疑人生、迷失自我，也要继续往前走。

漫长的职业生涯，谁没有迷茫过、害怕过，不敢改变、害怕选择、怀疑自我……但最重要的是先"活"下来，笑到最后的人，才是真正的赢家。

★不懈的奋斗，在于行动

人生是一连串行动的过程，最可怕的就是不行动。人不是神，不可能有全知的视角，有时也会做错事，可即便做错了事，人生也不会就此坍塌，因为我们还有不断调整的机会。

不懈的奋斗，在于行动，所有的无能为力，只是不够努力。

目　录

PART 2

正确的选择，关乎方向 \ 053

能让你的努力与所得成正比的最有效办法就是做正确、合适的选择。知识经济时代，站在风口，猪都会飞，埋首苦干之余，也要记得抬头看看天色的变化。

PART 3

职场厚黑学：职场的艺术 \ 103

作家桐华曾说过一句话："有人可以将恶意藏在夸赞下，也有人将苦心掩在骂声中。对你好的不见得是真好，对你坏的也不见得是真坏。"

PART 4

钝感力，大智慧 \ 165

大智若愚，大巧若拙，强者和弱者的区别，还在于心理素质。别无聊拿放大镜看世界，小心翼翼、紧张敏感。人生不易，有些事情别太在意。

PART 5

不懈的奋斗，在于行动 \ 215

所有的无能为力，只是不够努力。只有在岗位上努力做得比别人都好，才有机会选择更好，而所谓选择，不过是奋斗赋予人的一种资格。

PART 1
自卑与超越

"假如因自卑而将自己孤立，我们必将自取灭亡。"不幸的经历，并不一定能改变人生，我们每个人都可以通过创造性地解读自己的经历，去改变自己的思想和行为，进而改变命运。

1

"缺点"与"焦点"

想一想"我不会做什么"！也许在自己的众多弱点里，一直藏着未曾被发现的制胜武器。弱点不该被丢在角落视而不见，也许我们可以将它移到聚光灯之下，展现个人独特魅力的亮点。

你会向"没有"借东西吗？

"向没有借东西"是火星爷爷许荣宏在 TED 一场演讲的主题。他自小罹患小儿麻痹，七岁以前都在地上爬，家人以为他这辈子就这样了，但是他突破天生的限制，开创出一片新天地。他不只写作，还到各国演讲，激励人心。这场演讲主要在说没有人十全十美，人都有缺点，抱怨既浪费时间又无济于事，何不发挥创意，向"没有"借东西，走出一条独特的人生道路。

《理财周刊》的创办人洪宝山，也是一个向"没有"借东西的典范。他三岁得小儿麻痹，不良于行；十一岁丧父，寡母带大，家境困窘；长大后考上台湾辅仁大学（辅大），家里供不起他的学费与生活费，他必须打工。

台湾辅仁大学在新北市的新庄区，四十年前那是一个偏僻的小地方，没什么打工机会，而且洪宝山白天还要上课，你猜他恳求来的是一份工作是什么？

送报纸！

小儿麻痹，送报纸到五楼

老板很勉强地答应用他，但没过几天就把他辞退了，因为当时新庄的"豪宅"是五层楼的公寓，很多人家楼下没有安装信箱，担心报纸被偷了，都要求送报到楼上。你可以想象他是怎么爬到五楼的吗？显然，他送得很慢很慢，订户纷纷抱怨，老板只好送走他。

一般人到这里，一定放弃了，患小儿麻痹症的人送报纸根本是不可能的事！可是逼在洪宝山眼前的问题，是每天吃饭读书都要用到钱，那个时候也没有人愿意聘请行动不便的人，洪宝山没得选择，为了生存，还是认定要继续送报。

怎么送？他于是转个弯，让手好脚好的人来送，是谁呢？是辅大各年级各科系的十多名同学。不过问题又来了，所有报份都紧紧握在既有的发行代理商手上，他没有报纸可送，怎么办？

送不了报纸，就卖报纸！

洪宝山竟然开始推销报纸！他挨家挨户敲门，别人看他是个穷学生，又患了小儿麻痹症，同情心大发，订得相当踊跃。后来他成了新庄的报纸大王。这样的发展，完全令人意想不到。在一个先天不利的条件下，他居然穷则变、变则通，不仅脱困成功，还将弱点变成强项，令人动容之际，也非常鼓舞人心。

在看洪宝山的例子时，除了不可置信外，你是不是认为这是依靠意志力的强人才做得到的事？但直到我读了《别让下意识骗了你》一书，才知道这是人性的一部分，每个人都做得到。这颠覆了我既有的想法。

这本书的作者是日本心理学博士妹娓武治，书中有个章节是"人生的制胜武器，就在不利变量中"，他说，每个人都想要过更好的人生，于是就努力去想"我会做什么"，但是妹娓武治提出一个不同的观点，建议从"我不会做什么"着手，回到自己的原形，找到属于自己的答案。

色盲，变成日本色彩权威

妹娓武治提到在《心理科学》（*Psychological Science*）

期刊有一篇论文，称大多数的画家都有一个有趣的特征：他们的立体视觉比一般人差。

怎么可能？

我们一般人都认为，画家观察万物之细腻，甚至可以画得像照片一样写实，眼睛当然强过一般人，怎么可能比较差？但事实就是如此，画家的两眼视差不足，让他们在感受立体的能力上有障碍，画图时，会不自觉地偏离正确位置，更注重提升画面在画布上的表现，将两眼视差不足变成胜出的武器。

接着，妹娓武治又举了一个例子：日本有一名色彩学的权威，非常活跃有名，但大家从不知道他竟然是红绿色盲！他把色觉障碍的弱点，变成了独步日本的色彩灵敏力。

看到这里，不论是小儿麻痹症患者洪宝山送报，还是日本色彩权威竟然是色盲，都足以让人在心里冒出千百个问号，想不通它到底是怎么发生的。其实，说穿了，这是改变心态的力量！

心态才能制胜——想一想你"不会做什么"！

人在面对弱点时，都会有自卑感，不同的是有人被自卑感给打败，有人战胜自卑感。他们是怎么战胜的？不过就是接受这个事实，然后忘记这个事实，接着不可思议的事就发生了，这个弱点反而开始发光，变成亮点，有自己的强烈特质，别人取代不了。

所以每个人都要认清楚一个现实，那就是没有人是完美的，都会有弱点、都会自卑，谁也没有比谁强，那么何不采取完全不同的心态，做到以下两件事，将今天的弱点，变成明天独一无二的强项：

1. 正视弱点的存在。

2. 战胜面对弱点的心魔。

妹娓武治将火星爷爷的"向没有借东西"做了进一步的阐释，他说，一般人习惯性地从"我会做什么"出发、做人生规划，但有时候会中途触礁，找不到方向或出路；这时候不妨换个角度，想一想"我不会做什么"，也许在自己的众多弱点里，一直藏着一项未曾被发现的制胜武器。

因此在发掘潜力时，弱点不应被丢在角落视而不见，成为盲点；我们要做的是将它移到聚光灯之下，让它成为展现个人独特魅力的亮点。

2

"外在优秀"和"内在自卑"是两回事

人在面对弱点时都会有自卑感。不同的是,有人被自卑感打败,有人战胜自卑感。他们是怎么战胜的?不过就是接受这个事实,然后忘记这个事实,接着不可思议的事就发生了!

有时候,你是不是会自卑?

我认识的每个人,不论有多成功、多有钱、地位多高,或多或少都有点自卑感,不一定是整个人都自卑,而是在某些地方感到自卑;也不一定是现在自卑,而是在成长过程中,曾经感到自卑。所以,自卑是普遍存在的人性,不必为了自卑而感到自卑。

重要的是,每个人自卑的痛点不同。

考上台湾大学,还是自卑

有个男孩,考试没考好,上了南部一所私立大学。他非常自卑,觉得不如人、对不起家人,整个学期都没回家,也不跟高中同学联络，走在校园里，也总是把头垂得低低的，不想让人认出来，让人知道他居然考上这所大学。一开始他只是自责，后来变成自卑，最后是自闭，切断了所有的人际关系。可是他心里难受得紧，找不到人说话，于是私信我，问我："您一路念的都是好学校，一定不知道什么叫作自卑？"

我大学念的科系，是文科前三百名才能考进去的，可是有的同学还是会自卑啊！同学 A 事业成功，加上理财有道、生活富裕，是大家羡慕的对象。可是在同学聚会时，他居然对着另一名同学 B 说，以前在学校时，看到 B 会有很深的自卑感。B 感到不解，就问为什么？结果 A 的答案还颇让人傻眼，他说："因为你是私立中学毕业的，一脸贵气，看起来就是未来精英！哪像我这个南部来的，念普通高中，土里土气！以至于我一看到你，就会不自觉地自卑……"

就算是考上台湾大学（台大）的人，也会自卑。为什么？有个年轻人从小到大活泼开朗，高中成绩优异，但最后没有考上台大。他的父亲很严格，非要他念台大不可。他不得已复读重考，终于考上台大。应该高兴了吧？哪里知道开学后，他发现前后左右的同学多半是没有复读就考上的，认为别人比自己聪明优秀，信心大为崩溃，得了抑郁症。

他父亲不解，问心理咨询师："人家是没考上台大得抑郁症，他怎么考上台大还得抑郁症？"

所以，是不是会自卑，跟是不是念好的学校没关系。没有人是完美的，但人人又期待自己完美，即使考上台大了，还是会去做其他的比较。因此不论是谁，至少都可以找到一个"痛点"来自卑。更何况，自艾自怜是一种可以耽溺的情绪，躲在里面，隐蔽而安全，不被打扰，就会不想出来。

用别人的眼光定义自己

小时候，我也很自卑，痛点不少，不过最扎心的还是外表。结果这个自卑内心戏，足足演了三十年。现在想想，有必要吗？只能说自卑是个牢固不可解的结，越打越紧，越紧越死，让人难以挣脱。

小学一年级买帆布书包，一般来说，男生买绿色的，女生买红色的。也不知道为什么，爸爸买给我的是绿色的。更惨的是，那时环境卫生不佳，南部又炎热，容易长头癣，说巧不巧，我也长了，于是我剃了个大光头。每天放学走在巷子里，一堆臭男生就冲着我大叫："查甫仔！查甫仔（意为男人婆）！"我因为上学早，五岁就入学，所以五岁起就没有了少女心，一直对自己的长相深感自卑，后来几乎是不照镜子。

高中读女校，有一次拍照，照片洗出来之后，一位同学说我破坏了大家的团体照，由于太自卑，我根本没问清楚是哪里破坏了，直觉就认定她在说我长得不好看，这不就是在伤口上撒盐吗？于是后来我连照相都尽量避免。直到这几年彼此再联络上，我看看她，再看看我，心想她哪里有长得比我好看？才逐渐释怀。可是你看，她这句话"害"了我三十年，这都是自卑作祟的结果。

难道这么多年来，都没人说我长得好看吗？当然有啊，但是我不信，听不进去，总把那些话当作是客套话，心想对方不过是出于礼貌，完全没法改变我对自己形象的意识。

从我的例子，你一定可以归纳出，自卑的人都有这些问题：

·用别人的眼睛看自己，在意别人的评价。

·用自己的短处，与别人的长处相比较。

·当别人说自己不好时，听进去了；当别人说自己好时，却听不进去。

从这三点看来，结论就是一个——**自卑的人无法客观看待自己。**

找到你的优点

回到上面所说的那位大学生，我问他，除了学校没考好之外,自己有哪些优点? 他居然说,想不出来自己有优点。怎么可能? 这就是无法客观看待自己。于是我请他想一想,至少列出十点,只要是他自己认为还不错的就写下来,不必管别人是不是认同,三天后来告诉我。

三天后,他勉强挤出七点,害羞地问我:"这些好像不怎么样,可以算吗?"我说都算,只要你认为是优点就通通都算,他才松了一口气。接着,我们就这些优点一点一点地聊,他越谈越起劲,非常开心,也很健谈。直到结束,这位大一学生跟我说,原来优点不一定是跟人比较得来的,所以凑到十点应该没问题。

如果你是那种脆弱敏感的人,容易把别人的负面评价摆在心里,编出更多伤害自己的故事,最后还有可能把自己孤立封闭起来,那么何不学学这个大一新生,列出自己的十个优点? 但是记得原则——**是你认为的优点,而不是别人认为的优点。**

还有,平常就让优点突显出来,变成一个记忆点,难以磨灭。像是做出好成绩、有了小幅进步,别忘了请自己吃个舍不得吃的好东西,并且用照片拍下来,存在手机里,时不时拿出来翻一翻,就会发现原来自己做了这么多了不得的事! 自卑感就会慢慢地被成就感打败。

3

这个时代没有怀才不遇

在社交媒体蓬勃发展的今天，人人都是自媒体，靠一支笔写出一片天地，享有一点名气并非难事。照理说，天底下应该再也不会有怀才不遇的人，除非他怀的不是才。

"天底下最痛苦的人，莫过于怀才不遇的人，因为他想做的，跟他能做到的有很大的距离。"这是台湾研究院院士、历史学者许倬云说的话。我认为后半段说对了，前半段不怎么对，因为天底下还有其他更痛苦的事。

你怀的，真的是"才"吗？

许倬云之所以有这个感慨，是因为他发现怀才不遇的人表现出来的样子还真是天下第一痛苦：沮丧、愤怒、爱抱怨，以及脾气坏。这样的人，周围的人哪一个不是躲他们远远的？遇不到伯乐也就不奇怪。因此在抱怨怀才不遇之前，不妨先问自己以下这两个问题：

· 你怀的，真的是"才"吗？

·伯乐不来"遇"你，你难道不能去"遇"伯乐吗？

你只是，很会找借口

五年前我认识一名年轻人小骆，他是挺务实的一个人，计划一边工作一边写作，当作家才是他的志向。

后来我都会不定时地关心他的写作进度，但是听到的都是一些埋怨的话："每天都加班，回到家都累垮了，哪有时间和力气再写作？"

奇怪的是，当朋友力邀小骆去参加营销大会，他却有空去了，理由是朋友三番两次来劝，正好晚上没事，不好意思拒绝朋友就去了。去了几次之后，小骆不只是加入下线，也开始卖东西、拉下线，他又说："写作赚不了什么钱，等我有钱再说吧！"

做一阵子销售之后，朋友一个一个远离，小骆没赚到钱，索性不做了。于是我再问他，会不会回来写作？他回答："我又没有名气，哪会有出版社要出我的书？"

五年过去，小骆只完成两件事：开一个部落格，以及写了一部十万字但没有完结篇的小说，其他没了。现在他告诉我，他写了五年，还未闯出名堂，这条路走不通，想放弃不写。可是他又有点不甘心，因为有个他从来没放在眼里的同学竟然在网络上写出了名气，出了书，那本书还挤上了文学类的排行榜，而当年在校园里，小骆是小说类第一把交椅，那个同学连个屁都算不上。

于是他问我："你说，我是不是怀才不遇？"

你只是，看来很努力

我没有正面回答小骆，倒是上网去搜索了他的同学。同样是毕业五年，这位同学每天写一千字，周一至周五从未间断，写出了一个天量——总共一百二十五万字。当然，写作这件事不是比字数多，但是没有才气，至少也要努力。就凭作品的产出量，若这样还不能有点名气，那老天爷还真是亏欠他。于是我回小骆："你不是怀才不遇，而是努力不够。"

小骆不服气，马上反驳，每天上班八小时，不时加班，回到家累得跟狗一样，有一阵子被朋友拉去做销售，本来就没剩多少时间，还勉强挤出来写十万字的小说，还不够努力吗？面对这样的辩解，我继续当头棒喝："你只是看起来很努力！因为你都在瞎忙，忙的不是你在意的事（写作），而是别人在意的事（销售）。"

你只是，把面子看得比成就还重要

在社交媒体蓬勃发展的今天，人人都是自媒体，靠一支笔写出一片天地，享有一点名气并非难事。照理说，天底下应该再也不会有怀才不遇的人，除非他怀的不是才。如果还要一味哀怨怀才不遇，自怨自叹、自艾自怜、找尽借口，那么这类"怀才不遇"的人不是可怜，而是可耻。

小骆不以为然，认为我在说风凉话，觉得自己没有我那样的资历与头衔，自然不会有知名网站来邀请他写作，也不会有出版社来邀请他出书，写作才做不起来，不是他不努力，也不是他的错！这是"怀才不遇"者典型的观念，以为自己有才，别人要主动登门跪求，把他捧在手掌心，疼着、护着。

他万万没有想到我竟然告诉他说，我撰写的所有专栏，都是我主动去"敲门"问来的，并不是别人慕名而来。小骆一听，结巴地问："凭你这样的身份与地位，还需要低声下气去求人吗？"

你只是，不在意人生一场空

怀才不遇的人都认为去求人等于矮人一截，可是"才"在怀里，只有你自己知道，若不主动去"敲门"，别人凭什么要知道、凭什么要信任我怀的是"才"？所以一直以来，都是我主动去找伯乐，而不是等着伯乐来找我，理由是——万一伯乐不来，难道我要等到天荒地老、等到头发花白、等到连键盘都敲不动吗？

这样地空等待一场，不啻是跟人生开玩笑，所以别闹了！很多时候，即使去"敲门"，别人也可能认为你怀的不是才，但只要对方愿意提供机会就相当不错了。练习得够多，"才"自然也磨得出来。

怀才就像怀孕，怀久了就会被看见

现在你懂了吗？怀才不遇的人，问题出在这两个"不够多"上。

1. 努力得不够多

中国首富、万达集团总裁王健林说："怀才像怀孕，怀久了就会被看见。"怀孕前两个月看不太出来，过了两个月似有若无，别人会半信半疑，猜测到底是变胖还是怀孕，到第五个月就无人不晓了。一样地，怀里真是有才，最终一定会被看见；如果没被看见，那也只是时间未到，或者是你必须付出压倒性的努力，让才华更加突显出来才行。

2. 被拒绝得不够多

怀里有才的人，脸皮特别薄，心理障碍特别高，所以养成一个坏习惯，总是等着别人看见他们的才，觉得这样才有行情。却不去想这世上有才的人多得是，他们把面子看得比获得成就还重要。

"哈利·波特"这一系列书曾经向十二家书商"敲门"，都被拒绝，后来作者罗琳对这个难堪的过程说道："我是不会放弃的，直至所有的书商都拒绝我。"所有失败者，最让人惋惜的情况是在成功前一刻放弃；所有成功者，最厉害的也不过是被拒绝得够多。

最后，我要向所有自认怀才不遇的人再强调一遍，天底下没有怀才不遇这种人！在努力得不够多、被拒绝得不够多之前，说自己怀才不遇，是可耻的！

4

花时间把结打开

不敢大胆想象未来，不认为自己值得拥有美好前途。因为缺乏自信，不觉得自己可以把工作做好，也不觉得自己对人生有掌控力……有时并非这个人没有志气，而是从小就没有"种下"志气这一颗种子，长大后志气自然无法发芽茁壮成长。

有一次我参加募款餐会，座位紧挨着一位台湾大学教授。交换名片时，他注意到我在人力资源公司工作，马上跟我谈到他的学生 Jim。

Jim 聪明优秀，大学四年多次拿到班上第一名书卷奖（旨在奖励学习成绩优秀的学生，对每学期成绩排名前三的同学进行奖励），服兵役退伍后却在百货公司当专柜人员。教授心疼地说："工作无分贵贱，我不是怕学生委屈，而是凭他的条件，完全可以找到符合'志向'的工作。"

"他的志向是什么？"

"我问过他，他也不知道自己未来要做什么。"

台大生应聘服务生，老板当然不敢录用！

这是一位视学生如己出的好老师，马上联络学生和我
见面谈。一见面，Jim 就给人良好的印象，他举止文质彬彬，
言谈有条有理，但就是少了时下年轻人常见的"自我感觉
良好"。他说，两个月的求职期，自己什么工作都找，包
括餐饮业，可是并不好找。

"你应聘过服务生？"

"嗯。"

"有被录用吗？"

"没有。"

最后是一家百货公司录用了 Jim，他没有什么选择，
便去报到了。同学纷纷骂他"作贱"自己，老师也说他"不
看重"自己，Jim 不知道怎么回应，因为他就是找不到"更
好"的工作，而家人希望他赶紧扛起经济责任，于是他就
赶紧去工作了，任由大家说去。可他内心很不安，想不通
自己究竟怎么了，为什么和其他同学不一样。

别人看他很优秀，他却自觉一无长处

这样的年轻人，我看多了，心里有谱，便问起 Jim 的

家庭状况。

　　台大的多数学生是天之骄子，来自中上层家庭，即使不富裕，也是家庭温馨美满。相较之下，Jim的家庭状况有些复杂。他的父亲出轨十多年，长年在外另组家庭，弃Jim母子于不顾，而他的祖父母也未站出来给予他们有力的支持，任由他们在外孤苦无依，在Jim的心灵投下了沉重的阴影。家境的拮据，使得一向成绩顶尖的Jim内心充满矛盾，既是自负又是自卑，不觉得自己值得拥有美好人生，不看重自己的任何成就，认为自己一无长处。

　　"考上台大已经很强了，你还总是拿第一名，非常厉害！"

　　"一点都不厉害，因为拿第一名不需要实力，只要在选课时，多选些'营养学分'，任何人都可以做到。"

　　很明显地，只要谈到优点，他就来个全盘否定，极度缺少自我价值感。在这个例子里，你会发现，再聪明、优秀的人，一旦失去自信，就不会有明确的人生志向，因为——

　　·不认为自己有任何能力与强项，不知道自己能够做什么。

　　·不认为自己值得拥有喜欢的事物，不知道自己喜欢做什么。

·不认为自己是有价值的，不去找符合自己能力的工作。

家庭环境深深影响人生的重大选择

　　Jim 不是特殊案例，而是一个普遍现象。因为我在人力资源公司工作，看过的履历不可胜数，而每份履历都记录着一个人的生涯历程，有曲折、有起伏、有转弯，看多了就能看出深意，也能看出履历背后隐藏的人生故事，以及这个重大发现：

　　一个人的职业生涯选择，和他的家庭环境有关！

　　也就是说，家庭环境对一个人一生的表现有着莫大的影响。不少天资聪颖、会读书考试、能取得漂亮学历的人，只要是出身贫穷、父母感情不睦，或家庭问题层出不穷，在人生的十字路口做抉择时，就会自动矮化自己，选择低于自己实力水平一两层的职位，后面的发展就会一直困在低层，无法自拔，也无法脱困。当然也有例外，但能逆流而上的毕竟是少数。

　　相反地，若是家庭经济不错，父母感情和乐，给予孩子满满的爱，让孩子的自我价值感高、自信心强，再加上父母的用心栽培，孩子不只会赢在起跑点上，在做人生的重大抉择时，也会因为背后有支持的力量，不知不觉往上站高一两层，之后的人生发展也会有相对顺利的际遇。

家庭关系，是最难打开的死结

这样的情形，会发生在选择工作或伴侣上，导致的结果就是贫穷会世袭，不幸福也会遗传，而这些例子俯拾即是。

我曾经看过一份履历，一个女生在父母离异、弃她而去之后，由叔叔带大，下课就跟着叔叔到夜市摆摊，帮忙点餐、送餐及收拾碗筷。她在校成绩不错，后来选择念高职餐饮科，毕业后念高雄餐旅大学五年制专科部，接着升高雄餐旅大学本科，主攻西式厨艺，拥有多张证照。

她前后总共读了十年餐饮，毕业后却一直在做服务生，而且断断续续的，有时候遇上餐厅倒闭，有时候祖母生病要照顾，直到二十九岁，她在履历上的求职目标仍然是服务生。这样的职业生涯选择，令人扼腕，也令人心痛万分。

每次看到这类履历，我的心里不免飘过一丝悲凉，遗憾自己没能帮得上忙。但我也明白，只要牵扯到原生家庭，情况都是复杂难解的，能帮的忙不多。除非对方有高度的警觉性，以及极强的改变欲望。否则，对方一生将住在原生家庭的牢笼里，不自觉地做了心理的无期囚徒，就算有一天牢笼突然打开，也不会飞了。

在我和 Jim 的谈话过程中，不论我给他哪一个建议，他的回答都是：

"在我们家，行不通的！"

"这样做，他们会生气。"

结果，便是原地踏步走，问题依然在，"结"还是没打开，彼此纠缠成一团。

自卑，不敢大胆想象未来

家庭环境差，会造成自卑，不敢大胆想象未来，不认为自己值得拥有美好前途。因为缺乏自信，不觉得自己可以把工作做好，也不觉得自己对人生有掌控力，不觉得自己有力量扭转命运。这不是这个人没志气，而是从小就没有"种下"志气这一颗种子，长大后它自然无法发芽苗壮成长。

一个人一生有没有成就，就看他在青年时期有没有志气。毕业之后，倘若说不出自己能够做什么、喜欢做什么，缺乏明确的人生方向，也许问题症结不在于职业生涯探索做得不够深入，而在于原生家庭造成的心理黑洞过大。所以，需要做的第一步是把洞补起来，重新建构自我价值体系；第二步才是确立志向，迈开脚步往前走。

人生最大目的，不是成就什么事、成全哪些人，而是好好地花一辈子时间，把自己剥开来看清楚。

——情感沟通专家　罗怡君

5

向内归因没那么好，向外归因也没那么差

遇到挫折、失败或困难，该责怪别人时，不要不好意思，好像自己在做坏事似的；该责怪自己时，也不要觉得不甘心或不服气，好像委屈了自己似的。做一个客观的人，才会被尊敬与重视。

客观看待自己，很多人没有这个习惯。

就以失败这件事来说，一般人大概可以分成两类：一类是"向内归因"，就是检讨自己，看是哪里出了错；另一类是"向外归因"，就是检讨别人，百分之百咬定是别人哪里出了错。这两类人，都失之主观，一点都不客观。结果会怎样？要么过度自责，失去信心；要么推诿卸责，惹人讨厌。都不好！

后来，我找到一个新的方法，和你分享。习惯"向内归因"的人，要慢慢学会"向外归因"；习惯"向外归因"的人，要逐渐懂得"向内归因"，向中间靠拢，才能看到事情的两面，找到全部的原因。

向外归因，轻松多了

就拿没有考上研究生这件事来说，如果是过去，我会检讨自己准备不周，这次的确是这个原因。但我的瑜伽老师给我做了一番不同的分析，她说师大嘛，在职研究生中一定会优先录取教师，因为教师拿到硕士学位，可以加薪三千至五千元，他们有迫切的需求，更何况师大主要是在培养师资，当然优先录取教师。

她的说法，帮我从"向内归因"走出来，往"向外归因"走去，的确让心里好过一些，舒坦多了；同时也帮我开了一扇窗户，让我得到了一个新角度、抓到了一个新要领，下次再去考师大时，就要往"教师"这个角色靠拢，增加自己在这方面的关联性，提高说服力。

你说，在归因上做一个小小的改变，是不是客观多了，可以获得明显的好处？

最近有个粉丝来跟我说，他每次换新工作，都要面对一个陌生的职场，不知道怎么了，自己经常被欺负。于是他向内归因——自己总是运气不好，没遇到友善的同事、亲切的主管，以及气氛融洽的环境。

可是这样想非常负面，因为不幸的人到哪里都会不幸，他就会自我暗示、预存成见，结果会怎样？最后心里想的坏事都会一一成真，变成一场自我验证。

向内归因，逼死自己

他是一个硕士研究生，个性温和，是个文气的男生，但他认为必须扭转个性才能在这个社会上存活下来，于是他找的工作都是电话营销，同事之间高度竞争，光是为了名单多寡或优劣，人人争得你死我活，你想这类环境适合他吗？当然不适合！他是羊，到了狼群，不被吃掉才怪。

看到这里，你就会发现，他的问题不在于自己运气不好、是个不幸的人，而在于入错行，和不是同一类的人共事。可见，换个角度归因，可以帮助自己更客观地看待失败，以及更公平地对待自己。

不过，向内归因的人，最讨厌哪一种人？

向外归因的人！

他们认为，向外归因的人都如狼似虎、侵略性强、难以相处，遇到事情就责怪别人、推诿过错、要别人背黑锅，品格低劣到极点！怎么能让他们学习向外归因的人，跟讨厌的人学习"错误"的行为？

绝对的人，无法存活

有个专家，主要是教人怎么在职场里生存，他把人分为两类，一类是鹰派，另一类是鸽派。一般来说，在小时候，每个孩子不是鹰派就是鸽派，甚至鸽派的人数会多一些，因为体格小、力气弱，也只能选择在鸽派，做和平使者。可是长大之后，鹰派的人数则会增加一些。再到了职场，就没有鸽派或鹰派了，因为纯粹的鸽派或鹰派是无法生存下来的，能留下来的全是混种派。

什么是混种派？

也就是在每个人身上，会同时具备鹰派与鸽派的特质，不同的只是混合的"比例"：有的人鹰派性格多一些，有的人鸽派性格多一些，比如鹰派性格占六成，鸽派性格占四成，或鹰派性格占四成，鸽派性格占六成。可见，所谓的行为成熟化，就是向中间靠拢，兼而有之。做人方面，变得方中有圆、圆中有方；做事方面，变得讲求效率，也重视团队合作。

同样地，在归因上也要向中间靠拢，既要向内归因，也要向外归因。只不过性格不易改变，有人是向内归因占60%，向外归因占40%；而有人相反，向内归因占40%，向外归因占 60%。在归因上，进行这样横向的发展，好处很明显，人会变得客观与多元化。

向中间靠拢吧

总之，遇到挫折、失败或困难，该责怪别人时，不要感到不好意思，好像自己在做坏事似的；该责怪自己时，也不要觉得不甘心或不服气，好像委屈了自己似的。做一个客观的人，才会被尊敬与重视。

这是一个良好的思维习惯——既向内归因，也向外归因。

6

毁掉一个年轻人最好的办法，就是让他追求完美

　　总是害怕在别人眼里，自己不够完美、会闹笑话、会丢脸，于是不敢大胆尝试。但若止步不前，你失去的将是什么？你将失去一个学习的机会，也将失去一个发展的机会！

　　你玩过史莱姆（Slime）吗？

　　星期六上艺术的第二堂课，一进教室就让人兴奋！老师在地上铺了米色麻布，原以为是用来打滚、玩游戏的，最后才知道是用来画画的。用什么画？用史莱姆！

答非所问

　　"史莱姆"是小朋友爱玩的美劳材料，它的英文原意是指泥状、黏液状的东西，后来引申为在电子游戏与奇幻小说中出现的虚构生物，身体结构多样化，从流动的黏稠液体到半固体的果冻状都有，且具有弹性、能蹦跳移动。史莱姆主要是用白胶做成的，往墙壁上一扔，可以黏在墙上且会往下滑，鼻涕一样拉出延展面积，就算大功告成。

史莱姆完成之后，老师出了一道题，要同学在麻布上拉出最大的岛屿。最后，别人拉出来的岛，几乎都是我的三四倍大，怎么会这样？

他们的岛屿，都像用水彩往地上泼画一样，支离破碎，只有我的像一坨圆圆的面团，完好如初。

原来，在创作过程中，我只注意到了完美性，忘了老师给的目标是"延展性"，因此这个成品是彻头彻尾的"答非所问"！而且，在汪洋大海中，岛屿的形状是不规则的，同学们支离破碎的作品才是真实的世界，像我做的那样圆的岛屿根本不存在。

这个差异，明摆在眼前，让我惊诧不已，惊觉在自己的个性里，有害怕自己不够完美的一面。我也开始真正感受到，透过艺术创作，的确可以认识自己。

被"完美"绑架

老师给的目标简单清楚，只有一个：做出最大的延展性。但我不自觉地加入了另一个条件：不能有任何的破洞。这使得我的岛屿相对最小。这个结果，套用在人生发展上，你猜你我看到什么？我看到自己的两个问题：

· **不自觉地，自己给自己设限！**

·不自觉地，一心追求完美，忘记追求发展！

在职场中，很多人都跟我一样是完美主义者，害怕出错、恐惧失败、不敢勇于尝试，长期下来，这样的人会变得故步自封，减少自己学习的机会，妨碍自己的成长。因此，当完美性遇见发展性，心里产生冲突时，请记得完美性要妥协一点，让出空间给发展性，才不会局限了未来舞台的大小。

想一想，你是不是经常有这样的情况？

·有一个升迁机会来了，你跟主管说："我还没有准备好。"

·有一个上台做报告的机会，你推辞了，因为"我不认为我会讲得好"。

·有一个和外国人谈事情的机会，你退缩不去，给的理由是"我的英文没那么行……"

这就是害怕，害怕在别人眼里，自己不够完美，会闹笑话、会丢脸。

但若止步不前，你将失去什么？

失去一个学习的机会！

失去一个发展的机会！

"完美"并不存在

学习性和发展性在一个人的人生中，远远比完美性来得重要！因为每个人都是在错误中学习、在失败中磨炼的，没有人第一次就能做好，只要最后一次做好就可以了。

看看我做出来的史莱姆就会知道，这世上没有那样完美的岛屿，真实的岛屿一定是支离破碎的。人生也是，没有完美的人生，只有缺憾的人生，所以追求完美是跟自己过不去，是在扼杀人生发展的可能性。

勇敢去犯错！

大胆去失败！

你会学到更多，得到更多！

7

警惕低薪穷忙

当衣食无忧时，人就会有选择，梦想最大；当工作无法满足生活所需时，就是没有选择，赚钱最大！我们应该认清自己的条件，接受既存现实，为自己与家庭有更好的生活而打拼。

最近，我在进行一个深刻的反思：台湾地区是不是太强调读书就是要快乐、工作就是要有梦想了？结果，快乐在哪里？没有，大学生茫然无方向。而梦想又在哪里？也没有，领两万两千台币（约4 800元人民币）的薪水只会感觉冰冷，不会有热血。

大陆有个持续了九年的求职节目"非你莫属"，主持人担任面试官，台下有多家企业老板或主管，求职者在自我介绍与回答问题之后，企业会当下决定录取与否，直至最后剩下两家企业对决，求职者再依据对方提出的职务与条件，选择其中一家报到。

看了几集以后，我得到两个重点：一是薪水之高，超乎意料；二是不论年纪，选择工作时，更注重薪资。先来看他们的薪水有多高，比如：

·大学毕业三年的男生，换过三份工作，薪水分别是五千元、八千元、一万元人民币。他上节目求职希望做互联网的营销工作，期望薪水是一万两千元人民币。也就是说，他二十七岁时，薪水是台币五万元；但是像这样的经历，在台北的薪水大概是三万至四万五千台币之间。

·刚毕业的女生，大学读社会工作专业，想做人力资源方面的工作。在节目里，企业竞相开出七千元、一万元、一万两千元人民币的薪资。

·唐山来的一位母亲，三十八岁农村妇女，没上过班，想做市场销售或客服，企业开出的薪酬是四千五百元人民币。换算下来，离台湾最低工资只差两千台币。

这三人怎么选工作？都是价高者得，选择提供薪水最高的企业！即使现场的专家不断提醒，其他工作更符合他们的梦想与能力，皆无效。主持人问那位应届毕业的女生，挑最高薪水的原因，难道不害怕吞不下这一口饭，半年后逃跑吗？这名女生讲话比较拐弯抹角，专家分析她的个性是"宜人性"，喜欢讨好别人，不表露自己的意见与态度。可是在这一问题上，她倒是一刀直直劈下地说："企业给我这个价钱，表示肯定我有这个价值，这是我应得的！"

隔天，台湾新闻报道在新一代人中最令人向往的企业，我也看到两个重点，和大陆节目"非你莫属"反映出来的内在思维非常不同。

第一个重点是，诚品（诚品书店）赢过台积电（台湾积体电路制造股份有限公司）。以前都是高薪的台积电位居第一，今年颇让人意外，是诚品跳上来拿下冠军。在文艺界的人都知道，诚品有质感、人气高，向来是年轻人的梦幻企业，可是员工的工作量不低，薪水也普通。

第二个重点是，年轻人认为"实践自己的梦想与兴趣"才叫成功，这样想的学生超过五成，有别于过去当上企业CEO或追求薪资职称等指标。工作的意义不再是谋求好的生活，而是实现自我，打开人生视野，甚至发挥影响力贡献社会。

两岸年轻人在选择工作的原则上，出现明显差异。看起来，大陆的很多年轻人"向钱看齐"。"向钱看齐"这个词对台湾来说并不陌生，只是时光要倒推回去三十年，当时的年轻人也是这样挑选职业，都是为了脱贫，这股动力曾把台湾推向经济奇迹。到了这一代，台湾年轻人重梦想、轻赚钱，最终也就造成了低薪的格局。

038 ◀ 你的奋斗 终将伟大

台湾这一代：有了梦想，却低薪穷忙

我的朋友 Nadia 就是这么一个例子，足足花了十八年，从文青少女走到中年母亲，证明了一件事：追求梦想，让她低薪穷忙十八年。

Nadia 的父亲早逝，留下一家小型工厂，有独家技术，平均每笔交易有十多万台币的获利，母亲靠它养大她和弟弟。Nadia 在中文系毕业之后，母亲要她接手家业，但是 Nadia 是典型的文艺青年，喜爱阅读，一意孤行选择进入出版业当编辑。

这几年图书市场不佳，老板的出书路线追求市场价值，远离 Nadia 的志趣，四年前受不了，递交了辞呈，从此职业生涯一路颠簸，换过三份工作都无果，不是对企业文化不适应，就是工作模式不习惯等，目前失业中。现在还要抚养两个幼儿，Nadia 的经济压力大到不行。

台湾上一代：哪里有钱，哪里钻

母亲再度跟 Nadia 招手，告诉她："梦想，不能当饭吃！钱，才是最现实的！"以前，这些话她是听不进去的，现在眼见山穷水尽，出版业日薄西山，自己年纪也大了，还有臭脾气，不见得有公司要收留她，留也不见得能留得久，她终于可以静下来听母亲絮叨，也开始觉得母亲的话有些道理。

说着说着，母亲拉着 Nadia 的手，走到角落。她掀开一张花布，露出里面的一台缝纫机。回忆瞬间跳到眼前，Nadia 记起小时候母亲得空时，便会帮她做衣服，款式别致，常常引起同龄孩子的羡慕。母亲说，自己曾经也梦想当服装设计师，但为了扛起家计，不得不放弃梦想，选择赚钱、接手工厂，后来在工作中找到不少乐趣，比如和客户做好朋友，谈成生意获得成就感等。

"可是，妈妈，你一生都没有去完成自己的梦想，会不会觉得委屈？"

"不会啊，赚钱才是我最大的梦想，因为可以把你们养大成人！"

没有选择时，就先考虑如何解决"温饱"问题！

眼里"死要钱"的母亲继续说："当衣食无忧时，人就有选择，梦想最大；当工作无法满足生活所需时，就是没有选择，赚钱最大！"明显，Nadia 属于后者，应该认清自己的条件，接受既存现实，放弃执着，把赚钱摆在第一位，为自己与家庭有更好的生活而打拼。

"无法过好生活时，梦想是假的，赚钱才是真的。"

选择什么，就得到什么。时间花在哪里，成就就在哪里。当这一代台湾年轻人追求梦想，就会得到梦想；不爱赚钱，钱就不会来爱他们，得不到高收入。

当然，一定有些人的工作既符合梦想，又能赚到钱，但那毕竟是幸运的少数，多数人仍然活在低薪穷忙中。那么何不想想，原因有可能出在自己的选择上，缺少赚钱的动力，才导致没钱。如果像父母那样，哪里有钱往哪里钻，管它是不是梦想，展现出另一种向上跃升的进取心，或许更有助于走出贫穷的阴影。

8

晋升困难？你只是没找对方法

无法升迁时，不妨直接请教主管或老板，不过他们不会明白地说清楚原因，这时请留心重复出现的"关键词"——那就是升迁的条件；同时你也要做出改变，不舒适会带来令人惊喜的成长！

年后，我到台中一游，顺道探访三年不见的朋友Rex，发现他整个人神清气爽，一问才知道果真有喜事：年前他被拔擢高升至协理（经理之上，副总经理之下的职位）级别。在这么大的企业，四十二岁升上协理，算是搭直升机了，令人赞叹！哪里知道 Rex 竟然摇摇头说："升到中高阶主管，光是靠能力与表现是不够的，还要让老板看到你有一些特别的东西。"

广度，是能否升得上高阶主管的关键

三年前，Rex 自忖能力高强、表现优异，也快四十岁了，希望能从经理晋升到协理，送给自己一个中年大礼，

便鼓起勇气向老板开口，主动争取晋升，岂知却吃了闭门羹。老板只跟他说："你需要再'广'一些。"

　　Rex 从小是个勤奋好学的模范生，在国外念完硕士后，凭借着漂亮的学历，顺利进入大企业，上班努力工作、下班精进技能，得到了主管的赏识和极大的发挥空间。他做得如鱼得水，不亦乐乎，绩效表现亮眼，每年考核都是全部门最优，自然一路往上升迁，从专员、主任到经理。别人花十年才能坐到经理这个位子，他只花了七年。他认为这个收成理所当然，自己的努力与表现值得公司不吝地回报。

　　问题是，升上经理后，他好像碰到了天花板似的，停留不动三年。Rex 并未想太多，以为得凭真本事硬碰硬，拿出更抢眼的成绩才行，便更加努力地工作。可是在求晋升被拒之后，Rex 的自尊心受到重创，从受伤演变为愤怒。

　　"我表现这么好，还不能够升迁，谁有资格升迁？"

　　"要升到高阶，不就是要看绩效，难道是要比拍马屁？"

会做事，不见得可以升官

　　还好，Rex 从进入社会、开始工作以来，一直有一个 Mentor（生涯导师）引领他，Mentor 看着 Rex 像一头受伤的野兽般痛苦挣扎，心里很难过，但仍然不得不扮演严厉导师的角色，把 Rex 敲醒。

"你搞错了，当员工需要的是专业技能，当主管需要的是管理技能，不是表现优秀的人就适合当主管，两者需要的技能与个性是不同的。"

听完之后，Rex 抢着辩白，他可以当上经理，就表示他具备管理技能，为什么不能再往上升？Mentor 继续解释，中层主管需要的是管理技能，高层主管需要的是领导技能，两者需要的技能与人格特质不同，可以做中层主管不代表能做高层主管。老板要 Rex 再"广"一些，说的就是一个领导人必须具备的管理方面的条件。

"通常，面对努力认真的员工，老板很难说得太明白，因为听起来颇为伤人，只会讲些抽象的言语来起到点醒作用，你要听得懂背后的含义，才抓得住老板的期许。"

想升迁，就别太认真工作？

那么，"广"字是什么意思？其实就是在说 Rex 一直以来都是聚焦在某一"点"的深入上，缺乏"面"的扩展，有纵深无广度。然而，高层主管可以不深，却一定要"广"！老板这是在提醒 Rex 的格局要拉大、视野要拉宽，而这两者不是努力进修或勤奋工作可以培养出来的，必须走出公司大门，和各式各样的专业人士多多交流请教。说到这里，Mentor 给了一个建议，把 Rex 吓了一跳。

"接下来，你不要认真工作了！"

是的，过度认真会让人无法升迁，也会让公司无法发展！马云经常语出惊人，比如他说他特讨厌太认真工作的人，钻进去就出不来，带给公司的创新少，看不出显著贡献。而且他还认为，重视细节的人就讲不了格局，把公司的发展框限在小领域里，一个大浪打来就灭顶。马云指的就是Rex 这样的人，靠认真工作与重视细节爬上中层主管的位置，而爬不上高层也是败在这里。

"还有，你的另外一个致命伤，是没有换过工作！"

想升迁，就要多换工作？

这句话，再次给 Rex 打了一个火辣辣的巴掌，可是这样说不对啊！Rex 打从学成归来就进入这家公司，一做就是十年，中途也曾经有人过来挖角，但 Rex 两相比较之后，因为原公司更好且薪资福利优渥，便一直待了下来。而且Rex 也相信，像他这样高稳定性、高忠诚度的人，公司一定求之不得，当宝似的珍惜。Mentor 竟然摇摇头说："不会的！一旦让公司觉得你'跑不了'，公司就会忽略你的重要性与贡献度。"

Mentor 进一步解释，趁着年轻时到不同公司历练，包括企业文化、管理模式、领导人思维等都会潜移默化地影响你，拓宽你的经验范围，还可以累积人脉、学习不同技能，建立"广度"。可惜 Rex 待在舒适区太久，拒绝改变与挑战，缺少历练。这就会让老板担忧——但这是一个不能说的秘密，老板总不能鼓励员工离职吧！

想升迁，就不要太专业？

"最后，不要太专业。"

对于一个在专业领域满怀企图心的人来说，Mentor 这第三个建议，又让 Rex 深感莫名其妙。不具专业性，怎么在"江湖"行走？

Rex 想的没错，可是只锁住一个专业，给人的印象就像一个"很宅的工程师"，这对应的就是"窄"，与"广"正好对立。所以 Mentor 建议 Rex 跳出既有的专业领域，与其他部门多多合作，把触角延伸出去，在不同领域插旗，让老板看到他的广度。

三年来，Rex 就按照 Mentor 的建议，按部就班地一步

一个脚印，终于有所成。他最庆幸的还是自己变成了一个
全新的人，除了认识到老板所说的"广度"，也借着经验
的扩大、视野的拓展、格局的开阔，思考的境界也不同以
往了。

　　无法升迁时，不妨直接请教主管或老板，听听他们的
说法，不过他们不会说得太明白。请一定要留心重复出现
的"关键词"，那就是你的升迁条件。接到暗喻之后，要
听得懂背后的含义，做出改变，不舒适会带来令人惊喜的
成长。

9

被拒绝，本就是人生常态

若不幸遭到拒绝，没有人是好受的，甚至还会有被全世界拒绝的挫败感。其实，你只不过是被"其中一次机会"拒绝而已！后面还有几次或几十次的机会等着你。别为了这一次而"拒绝"后面更多的可能性！

同样一瓶水，在家里煮开了喝，不必花钱；到超市买，标签上写着两块五；到饭店，则索价十元。我有个朋友就像这一瓶水，从四处求职被拒，到薪水涨了三倍，让我有很深的感悟。想要告诉所有认为"自己值得更好"的朋友，你值得更好的公司或值得更高的薪水。请不要怀疑自己的价值，现在你之所以还没有得到这些等值的好，真实的原因是——

一个人的价值，取决于所在的位置！

也就是说，不是你没有价值，而是你走错了地方，敲错了门！现在，你要做的只有一件事：继续走下去，直到敲对门为止。

从求职被拒,到年薪两百一十万台币(约人民币四十六万元)

YY 毕业后,在一家大卖场任职了二十年,从采购、策划到业务都做过,薪水最高七万台币(约人民币 15 235 元)。后来大卖场易手经营,他不得不离开,从此颠沛流离,在几家公司短暂待过,直到落脚在一家小公司管业务,薪水降至四万台币(约人民币 8 706 元),但他也安稳地做了五年;后来公司不幸倒闭,这时候 YY 已经四十七岁了,所有求职大门都对他"嘭"的一声关闭。

到处被拒,失业两年,YY 一筹莫展。

不过,他并未因此放弃与外界保持联络,他勤快地接项目,也念了一个硕士学位,并与旧识不时见面吃饭,后来真的让他等到了一个机会!在大卖场的朋友帮一家外商找营运商场的主管,朋友强力推荐 YY,而 YY 的经历也受到了外商青睐,他们相谈甚欢。后来,YY 不只被录用,薪水还跃升至年薪两百一十万台币!一开始,YY 也露出不可置信的表情,他说:"我还是我,条件不变,价值一样,不只找到了工作,薪水还 N 级跳,就是因为这次走对了地方,敲对了门!"

YY 现在的薪水是大卖场阶段的近三倍、任职小公司时的四倍，即使如此，他在外商卖力工作一年半之后，却抱怨自己的性价比也太高了！凭他的经验、努力与表现，薪水起码要和外籍同事平起平坐，而他们都是年薪三百万台币（约人民币 652 940 元）起，这样一比，自己显然太便宜！他虽然嘴上嘟囔着，但仍然万般珍惜这份工作，毕竟中年复出还能找到工作并享有如此高薪，任谁晚上睡觉都会笑醒！

出书被拒，后来畅销赚三百万台币

在职场上，被拒绝是家常便饭，"玻璃心"碎一地只能表明你还不成熟，因为不是自己差，也不是对方坏，一切不过是因为在对的时间，遇见了错误的人罢了！所以被拒绝，不是说你没有价值，而是说明你尝试过了，然后可以再试一次，也许下一个就是对的人！

我的另一个朋友 Andy 曾经抱着自己的书稿，挨家挨户到出版社敲门，自我推荐，请求出书，无不吃闭门羹。要是别人，早就颜面尽失，放弃出书的梦想，从此告别写作这条路了。但 Andy 是做业务出身的，认为被拒绝是理所当然的事，一点都不灰心，最后竟然真让他敲开了一扇大门，编辑正好是他的崇拜者，两人一拍即合，齐心把内容调整到最有卖点的境界，结果这本书让 Andy 赚到版税三百万台币！

是的，你没有看错数字，算一算，至少卖掉了十万本。在近年图书市场不佳的情况下，多数作家的书都卖不到两千本，Andy 缔造了新纪录！可是，若搭着时光列车回到过去，谁又想得到 Andy 的书居然会大卖？现在，那些拒绝 Andy 的出版社，恐怕要弯腰捡起碎了一地的眼镜。

"哈利·波特"系列被拒十二次

然而，像 Andy 这种例子，不胜枚举！最著名的当属"哈利·波特"系列图书的作者罗琳。她在完成首部著作后，经纪人向十二家书商推荐这本书都遭到了拒绝，但罗琳没有放弃，最后终于敲开第十三家出版社的大门。到这里，看似有了一个漂亮的开始，出版社编辑却建议罗琳找一份正职，理由是不可能靠写童书维持生计。那位编辑的意思其实是不看好这本书，认为不会畅销。后来被问及为何如此锲而不舍地追寻梦想，罗琳说："我是不会放弃的，直至所有的书商都拒绝我。不过，我还是经常担心会有这样的一天。"

一语成谶，罗琳再度被拒！后来，"哈利·波特"系列已畅销全球、拍成系列电影，罗琳不过是刻意隐藏了身份、换了个笔名，改变了写作路线。心情重回多年前，罗琳回想起"哈利·波特"被一连串书商拒绝之后，她曾将所有书商的拒绝信函一一钉在厨房的墙上，提醒自己她和她所喜爱的作者一样，有一个共通点——不断被拒绝！

再试！再试！下一个会更好

不论是爱情、工作，还是任何事情，当我们做好准备、觉得自己好棒、信心十足地走过去告白之后，若不幸遭到拒绝，没有人是好受的。自尊受伤、颜面尽失、难过沮丧，甚至愤怒难当，有一种被整个世界拒绝的挫败感。其实，这种受挫感是被夸大了，真相只不过是被"其中一次机会"拒绝而已，后面还有几次或几十次的机会等着，再笨的人都不应该为了这一次而"拒绝"后面的多次可能性吧！

最近，我也有一次相同的经验。我在一家报纸写专栏之后，口碑不错，顺理成章地便询问对方出版社要不要将我的专栏内容集结出书，结果遭到了拒绝，原因是路线不同。但落寞感只在我的心上停留了不到十分钟，我马上转头去敲第二家出版社的门，得到的反应完全不同！

"哇，太棒了！书市很少有这样的题材，有创意，也新鲜，我们很有兴趣，谢谢你给我们这个合作机会！"

同样一本书，内容相同，获得的重视度却是天差地别，所以不是我写的文章没有价值，而是找错人、敲错门而已。

你也一样，当下次被拒时，就"阿Q"地想，不过是找错人了，再试试下一个人，一直试到有人愿意伸手给机会为止！找工作也是相同的道理，这家公司拒绝了你、不录用你或不给高薪，再试下一家，直到所有公司都拒绝才可以放手！

PART 2

正确的选择，关乎方向

能让你的努力与所得成正比的最有效办法就是做正确、合适的选择。知识经济时代，站在风口，猪都会飞，埋首苦干之余，也要记得抬头看看天色的变化。

1

比起花时间去省钱，花钱去省时间更好

知识经济时代,人们加班时数日益减少,休假日趋正常,选择比努力重要, 站在风口,猪都会飞!要会看产业趋势,尽量选择明星产业,站到风口,跟着大势飞扬,事半功倍。但在埋首苦干之余,也要记得抬头观察天色的变化。

如果认真学习三年、努力工作十二年,可以让你在台北市买三间电梯房,你愿不愿意这样付出十五年? 你一定会说——我愿意!

但重点来了,要从事哪一行才有机会赚到这么多钱?

最新的答案是,知识经济。

工作上的委屈未曾击垮她

这一天下午,在大安区的豪宅群中,我找到老朋友安宝的工作室。隔壁正在装潢,开门迎客的安宝笑着说那是女儿的新房,而女儿目前住在另一个地方,等着搬过来。令人难以想象,十五年前安宝只有一间老房子,在桃园龙潭,

还是四楼的破旧公寓。

这个变化，大到让我怀疑眼前的安宝还是当年我认识那个人吗？那个为了工作委曲求全，却又百般求不到"全"的安宝？

二十年前，安宝三十八岁，和先生创业失败，过年时翻口袋，只找到仅剩的三千台币（约人民币652元），连婆家都不敢回。年后安宝拼命找工作，总算找到一个行政岗位，月薪两万多台币，可是老板嫌她年纪大、看着碍眼，对她挑三拣四、说话刻薄，安宝经常委屈得跑到厕所间偷偷掉眼泪。

可是，又能怎样呢？

她用"学习"来改变命运

先生转换后的工作刚起步，而女儿还幼小，安宝能做的只有一件事，就是咬着牙硬撑下去。不过安宝并没有被委屈击垮，她下班就加紧脚步学习，挑选个人成长类课程钻研，苦熬四年之后，安宝自认羽翼已丰，足以放手一搏，便二话不说递上辞呈，毫不回头地走了。

从此，安宝的人生海阔天空，当然也有惊涛骇浪。这期间的苦与难，点滴在心头，旁人很难体会，安宝硬是再度撑了过来。现在她的核心事业是在线教学，在虚拟平台对学生一对多授课，这是她的主要收入。

安宝这个例子，告诉我们现在这个世界正在发生的事实——知识是可以变现的！只要你有知识，就可以成为自雇者，通过网络赚钱。如果你有独立于组织之外的谋生能力，那就不一定要到组织里成为一名受雇者。

台湾的上班族中，有六成的人在薪水调动上不容易或是增加有限，衣食无忧、过上好日子遥不可及。但在这个不幸消息之后，还有另一个好消息：以后加班的状况将日益减少、休假将日趋正常，人人拥有的下班后时间越来越多——也就是说我们所得变少，但可用的时间却变多了。

对于懂得利用时间的人来说，上述这个情况绝对是一个好情况，因为时间比金钱还有价值！

知识，改变命运

下班后，利用时间学习，再善用社群媒体，把自己经营成一名专家，靠知识或技能谋生，是一条被证明越来越可行的路子。这个知识经济在大陆酝酿发展短短几年，终于在 2016 年大爆炸，不少知识贩卖者都赚到了比上班族多出几十倍或几百倍的财富。

有一次我读李笑来的书《财富自由之路》，他提到有18万人订阅他的文章。算一算，一个字平均赚两千台币（约人民币 425 元），那么一篇两千字的文章，李笑来拿到多少稿费？

四百万台币（约人民币 869 622 元）！

台湾的知识经济刚起步，规模小，赚到钱的人寥寥可数。即使如此，订阅平台 Press Play 也已经出现月收破百万台币的知识型网红：教投资股票的老王月收入一百一十万台币（约人民币 239 146 元），阿滴英文这对兄妹五十七万台币（约人民币 123 921 元），教做菜的巧儿二十万台币（约人民币 43 481 元），教唱歌的嘎老师十六万台币（约人民币 34 785 元）——你说，领得到这个月薪的上班族能有几个？

而且，这些老师们都是年轻人，毫无背景，条件不是特别优秀，在台湾的职场要拿到一个月二十万台币以上的高薪简直难如登天！而实际上，他们的薪水却不断创下历史新高，因为订户们觉得他们表现好，就自动帮他们加薪。你说老板再欣赏你、再重用你，会每个月帮你加薪吗？起初我看到这样的金额，不仅不敢置信，还严重怀疑他们是否造假。几次追问 Press Play，他们都斩钉截铁地告诉我：

"是真的，他们就是赚这么多！"

委屈，一点也不值钱！

既然如此，你为什么不赶快开始学习？

你为什么不赶快开始把知识与技能变现？

忘掉眼前这份工作的万般委屈吧！委屈，一点也不值钱！

2

副业副业，有"主"才有"副"；业余业余，零工不叫业余

年轻人都以为这些工作自由，其实哪里有自由？半夜三点要你去排队、下午五点要你去买东西……你二十四个小时都被占得满满，随时都要 stand by（待命），哪里有自己"完整可用"的时间去学习、去修提升自己的价值？

我刚毕业的那几年，"全世界"都在流行迷你裙，真是让人伤透脑筋！

像我这样肥臀短腿的人，能穿迷你裙吗？那不是自曝其短？我懂得这个道理啊，可是买不到长些的裙子，不得已也买了一条迷你裙来穿。别人看到我时，很显然是尽力憋住笑，并客气地说："你也赶潮流，穿迷你裙？"

零工，是未来职场的主要样貌？

可事实是这样吗？明明我是"被流行"。那是一种没有选择之下的无奈选择，并不是我的主动选择。可是别人

看不到我内心的挣扎，眼见为真，自以为是地说我也在跟潮流，过度概括之后主观臆断：连肥臀短腿的人都忍不住要赶这股风潮，谁说迷你裙不流行呢？

这叫什么呢？

倒果为因，积非成是。

举上面的例子，是为了让你明白，近期有一则报道有必要站出来唱反调、提供另一个角度的观点。某次 TVBS 的记者来访问我，指出《远见》杂志做了一个"非正职大军来了"的专题，当中提到："打零工的时代来临。"并且下了一个结论：

"零工，将是未来职场的主要样貌。"

该杂志给了一个数据，近十年来，美国民营企业的新增正职不到 1%，零工人口却高达五千四百万人（你注意到采用这两个数字的取巧性了吗？）。所以在未来，你很有可能被兼职人员取代，甚至被企业外包给钟点族或 SOHO 族。

三个案例——是主动选择，还是被迫无奈？

接着，杂志再以 Uber 为例（你注意到它选的例子是象征着新时尚的 Uber 吗？），带给人类颠覆传统的工作形态。在现今社会中，只要你有能力、时间、工具，便可以赚到比穷忙上班族更丰沛的收入。

再来，根据这家杂志的发现，不少就业人口选择打零工，虽然没有固定收入，但相对比较自由，而且只要肯努力找到自我价值，产生的身价甚至让一般上班族更羡慕。非正职大军已然成形，若不趁早做好准备，小心你的工作也会被 Uber 了！

然后，该杂志列举了三个在台湾发生的例子：

·**案例1**：一名高中学历的二十七岁年轻人在担任保安人员之后，认为辛苦且低薪，于是离职，后来经人介绍到工地当搬运工，短短几天赚了五六千台币。他发现打零工的机会很多，于是接了各种粗活来做，如当搬家工人等。努力一点，月入四五万台币不成问题。基于正职难寻、投报率又低，他决定放弃找正职工作，展开"零工生涯"。

·**案例2**：一名大学毕业生，现在三十岁，之前在公司担任行政助理，月薪始终无法突破 30K 台币，为了还助学贷款，他假日就去兼职，如去超市值大夜班等；若以时薪换算，收入不比正职差。他索性辞职当起跑腿，如帮客排队、代买东西，还做癌症新药的人体试验，终于突破月薪 30K 台币。

·**案例3**：一名四十二岁的单亲妈妈，原为报社记者，被资遣后，到处接外稿、写书等。为了可以持续领失业救助金以及中低收入的补助，她还拜托业主不要以薪资名义报税。

（为了忠实呈现杂志报道的原义，节录了上面这么多段落，以下就说说我的看法。）

不要再重蹈"派遣风潮"的覆辙

对于这三名受访者的处境，我完全可以了解他们打零工的背后原因，但是你能说，这是他们主动的选择吗？

就像我未满三十岁的同事蔡瑞宇所说的："如果可以做正职，薪水不错，谁要打零工？"

我同意。工作正在大量消失，这是数字化与自动化的结果，而这个趋势覆盖全球，不仅仅在台湾地区是这样。我也同意，时代的巨轮在不断往前推进，社会也在不断蜕变，新的需求在尚未形成规模前，会先以打零工的形态填补需求的缝隙。但是我们不能据此总结、暗示这是一个风潮，是工作者主动选择的结果，而是应该反过来强调：

当企业提供的正职岗位不足时，人们不得已必须用打零工的方式谋生。

也就是说，不要鼓动这股风潮！让年轻人以为打零工更自由，是一种更先进的工作模式；或是让企业以为现在的年轻人喜欢打零工，所以就将正职缺变成零工缺。

这让我想起 2008 年世界金融危机，奇美一直被认为是一家幸福企业，却一下子裁掉了三千人，全部是派遣人员。民众这才吓到，不再以为派遣是时髦的工作。那时候张忠谋退休在家，楼下每天都有被辞退的员工在抗议，都是派遣人员。后来张忠谋继续任职，其中一项重要的改革措施是取消台积电的派遣制，将员工全部转成正职员工。

但是在那之前，年轻人不知道派遣工作是有风险的。当时日本有一出走红的电视剧《派遣女王》，让人觉得派遣人员好厉害，不管到哪家公司都可以帮它们起死回生，有一种拯救地球的英雄感。而媒体也不时报道，派遣人员不必死守一家公司，可以到多家企业历练，使自己的经验更丰富，并且暗示只有高手才能做派遣工作。

青春财卖完，要卖什么？

如果"派遣女王"到最后面临的是高风险的职业生涯，那么"零工皇帝"的下场则更危险，因为会使用派遣制的以大企业为主，而开放零工职位的以小公司为多，你认为哪一个更为朝不保夕？再来看看工作性质，派遣人员有部分是拥有高阶技术者，而打零工的工作，卖的几乎都是以下三项"青春财"：

卖年轻：比如车展模特儿卖的是美貌。

卖体力：比如工地的搬运工。

卖时间：比如代客排队。

做一年、做两年、做十年，做这些工作会留下什么知识、技能或人脉？很少！

那么到了四五十岁，没了上面这些青春财，又正值中年危机，请问你要卖什么？

年轻人都以为这些工作自由，其实哪里有自由？半夜三点要你去排队、下午五点要你去买东西……你二十四小时都被占满，随时都要 stand by，哪里有自己"完整可用"的时间，安排学习、进修，提升自己的价值？

《远见》杂志与 TVBS 都是举足轻重的媒体，这种现象令我很是忧心，这股"被动"走势万一被一窝蜂报道成流行风潮，将再度让台湾的就业市场陷入另一场灾难。所以特此呼吁大家，应以"劳动者"的角度来看待此现象，最后给年轻朋友以下三点建议：

·打零工不是不能做，但绝对不要把它当作主业。

·如果真的一时半刻无法找到正职，打零工只能当作跳板，要努力表现，想办法转做正职！

·如果还是热爱打零工的自由，就要想办法当工头，打组织战！

3

馅饼后的陷阱

很多人都羡慕"肥缺"，钱多事少离家近。其实，这一类工作是甜蜜的陷阱，看似舒适窝，其实是坐在刀尖上，无一刻安稳。年轻人早早得了"肥缺"，更是大不幸！

工作哪有不辛苦的？所以只要一听到有同学、朋友的工作是"肥缺"，很少有人不羡慕。但占着"肥缺"，就像抱着百万现金走在贫民窟的大街上，任谁看见都会红了眼，想"一刀刺死你"，抢走"百万现金"。所以，"肥缺"不只做不久，还非常危险。

问题是，"肥缺"的获得者，少有警惕性。他们总是被迷惑，认为自己很厉害，值得拥有那个职位，而旁人统统配不上。在看轻别人的同时，也给自己种下了危机。

砧板上的肥肉，谁都想吃

小丽毕业于一所排名中后的私立大学，可是长得漂亮，也认真努力，是一名业务员，不必出门风吹日晒，不必去开发新客户资源，只做服务型的联络窗口，也能够年薪破百万台币（约人民币 22 万元），有一年还拿到一百五十万台币（约人民币 33 万元）。

在竞争如此激烈的今天，这份工作无疑是不折不扣的"肥缺"。可小丽从没这样想过，因为她一整年都像 24 小时便利店一样全年无休，只要客户一来电话，不论是晚上九点，还是周末、假日，小丽都得马上处理问题。她总认为这样当然值得高薪，却不知道这样的想法也使自己慢慢失去了警觉性，不知道自己的职位是多少人都想得到的。

于是，小丽按照既定的路线一直走下去，恋爱、结婚、生子……一直到她休完产假回公司上班的第一天。她刚到公司，主管就找她谈话，劝她转岗内勤行政，鼓励她专心照顾孩子，薪水不变——除了业务提成。真是一道晴天霹雳！

小丽算了算，心都揪在了一起……

她的业务提成每年至少五十万台币（约人民币108 800 元）！

最后，是谁来顶替了小丽呢？

是主管的小舅子。他长期失业，主管的岳母希望主管利用职权，帮自己儿子找一个"缺"，最好是业务的岗位，打打电话、敲敲电脑，年薪百万台币。由于岳母每天念叨，念得主管头疼不已，于是主管就锁定了小丽，找到一个恰当的时机，等小丽"出状况"，就把小丽换掉。

逐渐被自己蒙蔽，失去警觉性

顺风顺水的小丽未经"江湖险恶"，一派天真无邪，不知道自己早已经被盯上，还傻傻地像是配合主管似的，一结婚就怀孕生子。而主管把话说得如此漂亮婉转，还保证薪水不变，小丽如果拒绝，就好像反而对不起主管的一片好意似的，只得不情不愿地接受。

被调职之后，小丽痛失提成，但她想：是不是自己没把业务做好，才会被调职？还难过、自责了好一阵子。经我一解释，小丽才知道自己一直坐在一个不定时的炸弹上，露出恍然大悟的表情说："我好像有点懂了……"

连我都不禁摇头，像小丽这样简单的人，做业务真的是太嫩，想换掉她一点都不难。业务的薪水这么高，只要是一家运营正常的公司，都会想办法慢慢缩减这个职位的薪水，就算没有这件事，小丽最终还是要面对年薪缩水的问题。

很多人都羡慕"肥缺"，钱多事少离家近。其实，这一类工作是甜蜜的陷阱，看似舒适窝，其实是坐在刀尖上，无一刻安稳。

更可怕的是，一般人占着"肥缺"，在享受着既得利益时，会合理化一切，以为是自己各方面的素质优、能力好、努力多……这种想法慢慢让人失去警觉性，被自己蒙蔽，以为自己很了不起。其实一切不过是梦幻泡沫，一戳就破，非常脆弱。

大势已去，还在缅怀过去

年轻人如果早早就得了"肥缺"，更是大不幸！付出少许，却获得很多，他们的价值观会逐渐混乱，在评估付出与得到之间，失去客观标准，不知珍惜，视一切为理所当然。如此一来，他们也就不再自我提升、追求成长与进步，自己堵住未来长远发展的路。而周围的亲朋好友，很可能会一起阻止你做出任何改变，在他们的思想里，安稳才是最好的。于是，即使大势已去，小丽的家人还在做春秋大梦，对小丽催眠说："再忍忍，说不定还有回去的机会，毕竟主管知道你有能力做业务。"

是的，"肥缺"就像喂人吃吗啡，不仅会上瘾，还会让你不想醒来，你无法面对人事全非的现实世界，就此选择一直沉睡下去，直到公司把你逼到无路可退。

小丽就是这样的情况。

她被调到行政岗位后，就一头撞到了一座巨大的冰山上——一名六十二岁的大姐，全公司二十多年唯一的行政人员，敬业程度令人咋舌！她有二十多年的全勤记录，从未请过一天病假或事假，就连自己的母亲去世，也只是请了五次的"半天假"。当小丽来和她分担工作时，可以想象这位大姐有多反感，她不放手任何一项工作，小丽软硬兼施，都无法松动她一丝一毫的坚强意志。

小丽不解地问我："有人跟她分摊工作，不是一件乐得轻松的事吗？为什么她还不乐意呢？"

"因为怕你抢走她的饭碗。"

"可我不会啊！"

"可是她认为你会啊！"

只要是公司给的，公司就会拿回去

原来，她们公司即使是行政人员，也是有年终奖的，而且还是高达五个月薪资的年终奖，这才是那位大姐恐惧工作被抢走的真正原因。

小丽很清楚，一旦离开这家公司，凭自己的年纪和技能，很难再找到工作了。她听完我的解释后，低头沉默了很久。

再抬头时，她说："再待下去和她抢这个'肥缺'，三十年后，我就会变成她这个样子，太可怕了！"

其实，这倒是小丽想多了。因为从她们公司逐步下滑的业绩来看，公司恐怕根本就撑不过三十年。那时候，小丽的结局一定比那位大姐惨。

"肥缺"有多害人，由此可见。所以，别再羡慕别人的"肥缺"了，这种"肥"是公司给的，公司迟早是会拿回去的。

要永远记得，天下没有免费的午餐，任何事情都是要付出代价的。

所以，不如趁年轻，把自己练得强大、干练，凭自己实打实的本事拿高薪。

4

是公司需要你，还是你更需要公司

上班哪有不抱怨的？可是抱怨不仅无济于事，还伤身伤心。我通常都会建议对方做一件事，就是投递履历！等到企业有回音了，答案不辨自明！就知道还需不需要再抱怨下去。

很多人计划年后转职，都会问我："工作要不要先辞掉？"我的建议一律是"骑驴找马"。原因不仅仅是要拿到年终奖金、职业生涯安全与否的问题，而是开始找工作时，很多人就会大感意外，发现一个从来不知道的事实。

总有些上班族以为自己重要得不得了，公司很需要自己！他们经常认为：

没有我，公司就完了，不是业绩变差、客户跑光，就是一堆同事也会跟着走人。

公司的营业额，我贡献了一半！才领到这么点薪水，钱都让老板赚去了！

公司没有那么需要我，而是我比较需要公司

所以，工作时态度倨傲，主管多说一句就不高兴，想着"离职给你看"；做起事来也不全力以赴，老想着工作与生活要取得平衡，非要准时下班不可，但其实回到家也是在上网或追剧。

等到开始找工作，把履历丢出去之后，就会发现上面这些想法不过是一厢情愿，事实根本不是这么回事。一来，打电话来邀请你面试的企业不多；二来，面试之后，要录用你的更少；三来，就算录用你，愿意给出现在薪水水准的，一家也没有。这时候，真相大白了，这些人就会知道——

公司没有那么需要我，而是我比较需要公司。

这是一个多么残酷的事实啊！但说起来，不也是一件好事吗？从此这些人就会懂得谦虚诚恳，珍惜目前的工作，捧好手上这碗饭，小心翼翼别摔破碗；认真负责，和老板一起努力，打拼出一个令自己安心的前景。

这样的人，我认识好多个，先来讲一名年轻人，姑且称她为安琪。我这辈子没见过像安琪这么嘴尖牙利，而且爱抱怨的人。可是她聪明伶俐、做事又快又好，同事又不得不包容她。问题是，她自己没法摆平内心的各种负面能量，

工作两年之后离职了。

离开开司，才知道公司的好

一离开公司，安琪才知道天大地大，竟无处容她；也才知道，自己过去看似聪明能干，不过是熟能生巧罢了，并无一技之长，所以找不到一份好工作，也拿不到原来水准的薪水。后来公司有用人缺口，她来拜托主管说情，老板心软，便让她回了公司。

这次再见到她，是三年后了，安琪像变了个人似的，不抱怨、不摆臭脸，每天笑脸迎人，这个变化真是令人想象不到，她告诉我："出去吃尽苦头，才知道公司的各种好。是我过去不懂事、不成熟，不知道要珍惜。"

接着，我再来说另一名中年人的故事。我第一次见到他，是在一个社交场合，他是一家上市公司的营销副总。公司名气响亮，他个人也有超高的知名度，上遍各大媒体，整个人全身漾出一圈金边，看得出正处于人生高峰。遗憾的是，他派头十足，架势不小，脸上还写着骄傲与瞧不起人，我听到他和朋友说：

"公司能有今天，一半都是靠我打拼出来的！"

"如果不是我这么会做公关和营销，让公司有这么多免费曝光量，公司哪里会有今天？老板这么需要我，应该感谢我，我想我最晚今年年底应该升总经理。"

离开大企业后，认清三个现实

哪里知道，这一年才走到中间，他并没有如愿升官，反而因为一件事被炒鱿鱼了。后来再有机会见面时，这位前副总身上的那圈金边已消失不见，整个人黯淡了下来。十年过去，偶尔有听到他在哪家公司负责营销，但是这些公司倒闭的倒闭、被收购的收购，并没有展现出他当年在上市公司达到的惊人曝光量。

显而易见的，当年他能够做出来那样的媒体声势，虽然一定有个人的努力，但企业的光环也为他大大加分了，后来没了上市公司这棵大树，便一切见真章，也就不得不清醒过来，发现自己不过尔尔，同时不得不承认这三个事实：

事实 1：厉害的是公司不是自己。

事实 2：是我比较需要公司，而不是公司比较需要我。

事实 3：公司没有我不会倒，但我没有公司会垮。

投递履历，帮你客观地评估自己

上班哪有不抱怨的？可是抱怨不仅无济于事，还伤身伤心。我通常都会建议对方做一件事，就是投递履历！等到企业有回音了，答案不辨自明，就知道还需不需要再抱怨下去。

假使你投递履历给一百家公司，有二十家公司通知你面试，这告诉你的事实是：有80%的企业认为，你的学历、经历或技能条件不符合就业市场的需求。

面试二十家之后，有五家要录取你，告诉你的事实是：75%的企业不满意你在面试时的表现。

在五家对你有兴趣的企业中，只有一家愿意支付比较高的薪水，告诉你的事实是：80%的企业评估你的性价比不高，能领到目前的薪水就要偷笑。

而整个投递履历之后的应征过程会让你明白，只有1%的企业愿意付出比目前高的薪水，那么你就要做以下这两件事：

·回去紧紧抱住公司的大腿。

·努力充实自己，提升竞争力，立志明年换到更好的工作，拿到更高的薪水。

很爱抱怨工作吗？投履历试试就知道了

这并不是因为我在人力资源公司工作，才鼓励大家投递履历。而是投递履历可以让上班族面对事实真相，客观地评估自己的能力与行情，让那颗一年三百六十五天都在烦躁不安、蠢蠢欲动的心安定下来，谦虚诚恳、脚踏实地过好每一个上班的日子。

当然，投递履历的结果如果和上面相反，恭喜你，那就勇敢跳槽吧！也祝福你越跳越高！

5

站在风口，猪都会飞

一般，初出茅庐的我们总以为努力就可以加薪，但工作几年下来，就会知道那只是期望。真正的事实是，个人只是一个"点"，如果我们只用"点"的思维方式去思考，不去突破这个"点"，那么，一切的努力将徒劳无功，一切的奋斗也不过是困兽之斗。

我在美国的同学 Sophie 给我带来了震撼：薪水高低和努力固然有关，但关联性有限，想要拿到天花板那么高的薪水，关键在于选择的"位置"。

从未领过如此高薪

Sophie 在读博士的时候生了孩子，于是不得不中断学业。后来，她一连生下了三个调皮好动的儿子，再也没有精力回学校继续学习。Sophie 是个古道热肠的人，在相夫教子之余，花了不少时间在学校当志愿者，日子就这样过了三十年。

去年，Sophie 的儿子进公家机关任职，单位类似于我们的教育局，Sophie 也跟着到教育局辖下的某个协会帮忙，在那里，Sophie 的付出被认为是有价值的。

Sophie 聪明能干，解决了很多事情：她协调、组织人力，举办活动，电脑绘图、做网页……一个人却会如此多的技能，这把讲究专业分工的美国白领精英给惊呆了。于是，协会方问她愿不愿意兼职。Sophie 一直以家庭为主，想都没想就挥手跟对方说："不愿意。"

回到家，她先生劝她，横竖都是在做事，人家没给报酬时还做得热火朝天，没道理和薪水过不去，是吧？于是，Sophie 写了一份简历，把她三十年来在教育界做的事都简单地列了出来。

协会方看了之后，一脸愧疚地问："我们一开始，先暂时付给你一天四百五十美元，可以吗？"

这样的高薪，不过只是起薪而已

日薪四百五十美元折合人民币 3 020.8 元。Sophie 心里一震，她从未领过如此高的日薪，当然点头称好。

Sophie 过去曾在一家五个人的小公司做兼职，那里的时薪折合人民币也就三四十元，一比较，协会给的薪资算是非常高了——但协会方为什么会是一副亏欠她的样子？

Sophie 请教一位也在美国的学长，这位学长的公司被全球最大的市场调查公司收购，他本人被聘担任副董事长，很多企业顾问公司都是他的客户，他告诉 Sophie："日薪四百五十美元，在业界仅仅是起薪而已。"

听到这个消息，我惊得眼珠子都要掉出来了！于是问 Sophie，哪个业界？

她回答我说："协会聘我当'顾问'。"

也就是说，在顾问这一行，日薪四百五十美元只是起薪。那时，Sophie 才恍然大悟。

基于同校的情谊，学长提醒 Sophie 可以再争取加薪，而且加薪的空间不小。

Sophie 这位顾问平时都做些什么呢？听起来无非是沟通协调、召开会议、代表参加研讨会、参与提案讨论、举办活动、制作网页等，和她以前在学校做的事情没什么不同。然而，前者她是作为志愿者，后者她是作为顾问；前者她没有报酬，后者她有日薪四百五十美元。

看到这里，任何一个有思考能力的人，思考的重点都会是这个例子说明了什么？

单点突破，效用微小

一般，初出茅庐的人总以为努力就可以加薪，但工作几年下来，就会知道那只是期望。真正的事实是，个人只是一个"点"，如果我们只用"点"的思维方式去思考，不去突破这个"点"，那么，一切的努力将徒劳无功，一切的奋斗也不过是困兽之斗。

在你背后，有一双无形的手，那不是命运，而是客观环境，我们看到的可能仅仅是一个"点"，而在"点"之外，还有"线""面""体"，它们对你的影响，比你的个人因素大得多。因此，除了个人的努力，找准自己的位置，努力寻找合适自己的最佳环境，才是最重要的。

除了努力，还要找到风口

所以，如果想要提升自己的薪资水平，那就不仅仅是要努力，更重要的是找到努力的方向，做出正确的选择。记得！选择有时是大于努力的，站在风口，猪都会飞！

但首先，你的才华要足够撑得起你的梦想。在做出选择之前，你必须具备强大的实力。

6

值得的事，要努力做好

一件事值不值得，和每个人的价值观有关。重点在你，是你认为值不值得，而不是别人认为值不值得。这取决于你内心真正在乎的是什么。别被外在的掌声迷惑，忽略了自己内心的鼓声。

李安的太太，只选择对李安"值得的事"

电影导演李安的故事，大家耳熟能详。他在美国纽约大学念完电影硕士后，失业六年，全靠太太林惠嘉一个人赚钱养家。大多数时候，林惠嘉不曾抱怨，因为比起李安怀才不遇、心中苦闷，自己在生活上的辛苦不算什么。

有一次李安过意不去，偷偷去学计算机，想要以此谋生，被林惠嘉骂了一顿，她说："会计算机的人这么多，又不差你李安一个！"还警告李安："没有人可以阻拦你的梦想，除了你自己。"李安外出工作的念头就此打消。

成名之后，李安坦然地说，如果不是和林惠嘉结婚，就不会有后来的导演李安。林惠嘉却淡然地说："李安只会拍电影，其他的事，他就算去做了，也不会有多大兴趣。"

对别人来说，学计算机是谋生，是值得的事，拍电影是一场空梦，是不值得的事。但林惠嘉不这么想，她认为，对于李安来说，拍电影可以发挥他的才华，那才是值得的事；学计算机谋生，李安没有兴趣，也就不会做好，那是不值得的事。对于值得与不值得，林惠嘉的判断决定了李安的一生。

大指挥家伯恩斯坦，遗憾而终

比起李安，著名的指挥家伦纳德·伯恩斯坦（Leonard Bernstein）则是另一个故事。

伯恩斯坦一生最想做的事是作曲。他一开始也是致力于作曲的，后来，纽约爱乐乐团发现他有指挥才能，于是请他担任指挥，结果一举成名，三十年来成了纽约爱乐乐团的广告牌人物。

可问题是，他终其一生都生活在矛盾与痛苦之中，直到临终依然遗憾不已，他说："我喜欢创作，可是我却在做指挥。"在别人看来，担任指挥让伯恩斯坦扬名四海，是值得的事；至于作曲，成败未可知，是不值得的事。但是，只有伯恩斯坦自己知道，作曲才是他值得做的事，可作曲

正确的选择，关乎方向

却被不值得的指挥工作给排挤掉了，因为，外在的掌声大
到让他忽略了内心的鼓声。

不值得的事，会吞噬掉你整个人生

如果你认为这一生过得不值得，那是因为你一直都在
做不值得的事。可怕的是，不值得的事会野蛮成长、自我
演化，变成庞然大物，充塞你的每分每秒，直到吞噬掉你
的整个人生。

根据"MBA 智库百科"的整理，不值得的事具备以下
四个特质：

·不值得的事，让你以为自己在完成某些事情。

·不值得的事，让你耗尽时间与精力，以至于没有余
力做值得的事。

·不值得的事，会自己给自己赋予价值，让自己去做
非做不可的事。

·不值得的事，会生出更多的事来巩固自己的存在。

7

离职背后的原因

劳逸不均这个问题，从表面上看，似乎是偷懒员工的过错。但其实，这是一个共谋事件，他们的主管，难辞其咎！员工之所以会犯懒，是因为坐在他们背后的主管不作为，让员工有了投机取巧的机会，最后的结果，就是赶走了认真的老实人。

老板指派工作，我几乎不会拒绝，印象中只有一次拒绝了，那是在报社当主编的时候。有一位同事英语好，凡是有去外地出差的机会她都争取去，出差频率高到离谱。有一次，她争取到政府的公费奖金，要到美国做半年研究，主管问我可否代班。

"她特别推荐你，说只有你可以把工作做到最好，让她安心在美国做研究。"

毫不犹豫，我当下就拒绝了！因为这位同事一年出差多趟，每次十多天，总喜欢把工作丢给别人做却不以为然，认为别人帮她做这做那，都是理所当然的。

我提醒主管，半年不是一天两天，最好另外指派人员代班。

劳逸不均，是离职的主要原因

然而事情并未结束，那位同事还私下找到我说："我们还是得识大体，顾全大局，你能力好，把工作交由你来做，我才放心，如果不是你来代班，这个工作的质量怎么能保证？"

我本就不善言辞，听了她的话后，只是沉默不语地低头走开。这已经是我能做到的最不礼貌的行为了。

其实，从第一份工作开始，我就是"劳逸不均"的典型代表。因为我比较看重质量，什么事情交给我就不必担心，而且脾气好、为人大方，只要工作上一有紧急状况，我一直都是"先遣部队"，工作量总是会超过其他同事。

这种情况一直持续到我离开媒体行业。我在其他公司当主管后，才发现原来很多人都会遇到劳逸不均的情况。

我在人力资源公司任职时，做的调查显示，员工离职的主要原因之一就是劳逸不均，而办公室气氛萎靡不振、同事之间的不愉快，皆因此而起。

问题的症结在主管!

面试时,公司都会说明职位的工作内容及目标,这些职位描述必须落实,不能面试时说的是一种,待新人报到之后又是另一种。如果之后有增加工作项目的情况,也应该充分沟通,并在薪资福利上给予等值回报,减少员工的被剥削感。

劳逸不均这个问题,从表面上看,似乎是偷懒员工的过错。但其实,这是一个共谋事件,他们的主管,难辞其咎!员工之所以会犯懒,是因为坐在他们背后的主管不作为,让员工有了投机取巧的机会! 一旦主管喜欢睁一只眼闭一只眼,认为不管是谁做,事情只要有人做就好,结果便是姑息养奸,纵容投机取巧的懒人,最后,认真的人反而会选择离职。

或者,主管不想费精力去教导难用的员工,只好走捷径,只用好用的员工,将大量工作交给他们去做,那些"难用"的员工就会因为没事做而开始看视频、聊天、玩游戏……轻松惬意。这样一来,工作量很大的员工就会感到这不是领导对自己的肯定,而是惩罚。所以,当主管以"能者多劳"当说辞时,认真踏实的员工反而会觉得是讽刺。

员工要得很少，不过是对等薪资下的公平

对于员工来说，工作量合理当然是最好的，但偶尔工作量变大、超过负荷，比如旺季来临、订单突增、项目碰到瓶颈等，一般人都会发挥团队合作精神，咬咬牙挺过去，做完了大家一起聚个餐，轻松一下，便雨过天晴。

但在这个过程中，若有人抱着少做少错的心态，偷懒、推诿责任，让其他人感受到不公平，大家就会开始比较工作量的多寡，接着就是计较谁做得多、谁做得少，最后谁也不想多做一点，生怕吃亏、被占了便宜。

所以在管理上，工作量多并不是团队变差的原因，劳逸不均才是！这时，最忌主管安慰吃亏、受委屈的员工说："能者多劳，你就多做点，不要计较！"

其实员工心里很清楚，当工作量增加时，难免有人做得多，有人做得少，劳逸不均的情况一定会发生。可是能力差的人，也不能就此放手不管，而是要拿出诚意一起努力。公司更不能将劳逸不均视为理所当然，不彻底解决这个问题。

事过之后，公司要对扛起大责的人予以奖励，让有付出的人得到充分的回报。

对员工来说，最残忍的事，就是让他们觉得自己的付出得不到回报，从而失去了愿意奉献与共同打拼的精神。对公司来说，杀伤力最大的事，就是让员工认为偷懒也一样可以得到回报，从此消极怠工，使整个公司都弥漫着消极怠惰的气氛。

8

什么样的薪资，才算公平

大家都期待薪资公平，但薪资公平可能是个乌托邦，或者说，是一种越来越难以实现的理想状态。因为每家企业都处在不同的发展阶段，且组织的目标也会不断发生变化，测量"公平"的指标不尽相同，所以"公平"这把尺子可能永远难以找到。

有一种老板，他们给员工连续两年加薪三千至四千台币，但员工仍然怨声载道，连带着士气低落、公司业绩下滑，为什么？因为这种老板，永远在犯同一个错误——加薪不公，从而失去员工的心。

粉丝 Bruce 跟我一直联系密切，他在目前的公司任职了三年。

前年，公司来了一位新人，薪水比他多四千台币，Bruce 据理力争后，老板给 Bruce 加薪了四千台币。

去年，公司又来了一位新人，薪水又比 Bruce 高出了三千台币。Bruce 很不明白，为什么老板就不能拿出一个明确的调薪制度，只等员工发现了，才循例往上调！

缺乏明确的调薪制度

照理说，Bruce 应该心满意足，一共加薪七千台币，等于薪资上调了 20%。但他只高兴了一个星期，就更加不开心了。因为他突然想到，自己并非是加薪了，而是公司在很长一段时间内，一直少给他薪水，也就是每个月少给他七千台币！心痛不已之下，Bruce 再也无法回到以前那样简单快乐的日子了，他感到很迷茫，不知道自己的价值在哪，不断地问：

"老板到底要给我多少薪水才是合理的？"

"如果每次都是知道了新人的工资后，才知道自己的薪水低了，那我为什么还要对公司保持忠诚，继续干下去？"

以前人少，公司有任何新工作，Bruce 都二话不说，接过来就做。现在公司员工多了，他反而去计较别人的工作量，觉得公平了，才会接下工作。这样一来，公司内部失去和谐，就不再团结一致。

那么谁是第一个受害者？当然是客户！

越来越多的客户抱怨公司的服务质量与效率变差，Bruce 也坦承自己对工作的投入度降低了，请假多、工作

迟交、回复客户的速度变慢、跟客户说话不再热切。结
果，今年第一季度，公司业绩下滑，老板就开始减薪。
而刚减完薪资，两名新员工就辞职了，工作又全部落到
了 Bruce 头上，他忙得不可开交，骂声连连，又开始跟我
提离职一事。

薪资不公平，带来巨大破坏

这让我想到一个寓言故事。

一个富人与穷人比邻而居，富人每天眉头深锁，穷人
每天快乐地歌唱。富人非常生气与嫉妒，决定破坏穷人的
好心情。你猜他怎么做？很简单，富人把自己的钱拨了一
小部分给穷人，从此，穷人再也开心不起来了，因为他有
了和富人相同的烦恼，那就是钱！

有钱会带来快乐，是事实！遗憾的是，钱不会平均分
给每一个人。不公平有一种独有的魔力，那就是让人不快乐。

Bruce 不是特例。每周都有粉丝来跟我抱怨薪资，内
容不外乎两种：第一种是低薪，抱怨的人多半沮丧、心生
无望，情绪处于低潮；第二种是抱怨薪资不公平，情绪不
稳，在自尊大受打击之下，像一头受伤的野兽，愤怒难当，
脑子里充斥着各式各样的想法，比如，在完全不做交接的

情况下一走了之，或怂恿其他同事一起跳槽，把客户的数据全部带走，等等，都是会给公司带去灾难的做法。

这让我明白一件事：比起低薪，薪资不公平带来的破坏，更加巨大且难以收拾！

每个人的"公平"不尽相同

美国留住人才咨询公司（Keeping the People）的创始人利·布拉纳姆（Leigh Branham）专门调查了上班族的离职情况。调查显示，"薪资不足"这一理由高居第二，占比5.7%；出乎大部分人意料的是排名第十七的"不能根据个人绩效加薪"（2.6%），和排名第十九的"加薪不公平"（2.1%）。这都是广义上的薪资不公平，两者合计4.7%，与"薪资不足"这一理由仅差1%，但这两个理由却被长期忽视。

不过重点来了，大家都期待薪资公平，但薪资公平可能只是个乌托邦，或者说，是一种越来越难以实现的理想状态。因为每家企业都处在不同的发展阶段，且组织的目标也会不断发生变化，测量"公平"的指标不尽相同，所以"公平"这把尺子可能永远难以找到。

以Bruce为例，他认为同工同酬，工作内容一样，则薪水也要一样。但有些企业主并不这么想，他们还要看贡献度或未来性。Bruce 虽然认真努力，但若是对公司利润的贡献不多，或是他具备的技能或条件无益于组织的未来发展，都将不会有高薪。至于以为干得时间长的，薪资也一定高，更是落伍的思想。

薪资不公，是不可逆的趋势

薪资不公平不仅一直存在，未来还可能越演越烈，当员工的我们必须有心理准备。因为：

1. 薪资是看未来性，不是看过去

新员工的薪水高于旧员工，有可能是他们更符合企业未来的组织目标，具备新的技能或经验。今天的科技日新月异，也是产业更换的关键因素，别忘记时时检视自己的技能，跟着组织看向未来。

2. 薪资是定出来的，也是谈出来的

在就业市场，只有时薪或简单工作的薪资才有可能透明，且是统一定出来的。当工作的复杂程度越高，薪水就不单是定出来的了，还是谈出来的。除了谈判力外，能力、条件越强的稀有人才，越能掌握定价权，薪资一定是越来越悬殊。

3. 薪资的档位减少，各档的差距也在拉大

同一职称与层级的人，不一定会领相同的薪水，很多

人想不通这一点。这是因为企业走向扁平化，层级减少，一个档位的薪资区间相对变宽。即使两位坐在隔壁的同事，职称相同、层级相同，薪资差额也可能会相差很大。之所以如此，是因为工作内容南辕北辙，担负的项目或任务各自不同，复杂度与困难度也有差别。

　　不过，即使薪资不可能百分之百公平，企业仍然应该站在员工的角度，努力做到制订明确的薪资制度，越透明越好，让人有所依循，也尊重每位员工的感受与自尊。如此一来，才不会让薪资不公平变成人才流失的最大理由。

9

多长时间换一次工作，才算合理

自行觅食，代表的是一种积极、主动、进取的精神，这种精神不仅是生存所必须具备的品质，也是发展所必须具备的。你的觅食能力与觅食范围，决定了你的人生格局。无论你有多么喜欢这个工作，也不论你在这家企业有多么幸福，你都不能把自己的整个人生寄托于它。

把整个人生寄托在工作上，全神贯注、没有爱情、没有家庭、没有生活，最后公司因为经营上的问题把你裁了，离开公司后，你发现除了工作之外，自己一无所有，也一无所依，然后开始责怪公司没有良心、弃认真的员工于不顾……

这样的悲剧，每天都在职场的各个角落重复上演。究竟是公司错了，还是个人错了？

个人错了！

错在死心眼，认定工作就是人生的全部，认定公司是唯一的依靠。而这些人的惨痛结局，也必将带来最深沉的觉醒：不论你有多么喜欢这个工作，也不论你在这家企业有多么幸福，你都不能把自己的整个人生寄托于它！

除了工作，没有生活

"我的姑姑 May，就是这么傻……"

最近我到一个社团听人做分享，听到一位二十八岁的女孩 Rose 说起自己姑姑的故事，结尾特别强调这辈子都会以姑姑为前车之鉴，绝不重蹈她的覆辙。

一年前，农历年后第一天开工上班，Rose 清楚地记得那是二月十五日，那天是姑姑 May 的生日。她们本来说好了，晚上回爷爷奶奶家庆生，哪里知道上午十一点多接到姑姑的电话，说一会儿约在咖啡店见面。之后再看到她时，她抱着一个纸箱走进店里，神情憔悴，双眼浮肿，待一坐定，姑姑不断地喃喃自语同样一句话：

"太残忍了！他们怎么可以这样对待我？"

二十三岁大学毕业，凭着漂亮的学历与流畅的英文，May 幸运地进入一家美商企业，同学们都羡慕极了，薪水高、福利好，还能经常去世界各地出差。May 工作努力认真，没日没夜加班，一路升至经理。

一个女生，在全球知名企业任经理级职位，亚洲几个国家都在她的管辖范围内。家人都以她为荣，说这是一份光宗耀祖的工作！当然，May 也付出了代价，她谈过几段感情，但对方都因为她过度投入工作而离开了她。

奖励之后，竟是裁员

前年九月，一个跨国项目又交由她负责。这个项目原本要花半年时间，但公司却要求她三个月内交出成绩。May 虽有微词，但仍然抱着使命必达的态度如期交差。年底时，公司发给 May 一个丰硕的红包作为奖励，一切辛劳都值得了。年后第一天上班，May 接到了美国主管打来的电话，一开始她还以为是寻常的拜年电话，哪里知道是把她炒鱿鱼了，气愤难当的 May 不断地重复："为什么是我？"

直到主管透露自己也被炒了，不只是他们两人，整个事业部都被裁撤了，May 才不再自言自语。

从二十三岁到四十六岁，May 在同一家公司奉献青春二十三年，向来是信心满满，相信明天会更好。直到被裁员之后，May 踏出公司的大门，信心崩溃、顿失依靠、茫然若失，不知道自己下一步要往哪里走？

听完 May 的发泄，Rose 打了一个哆嗦："好恐怖！"我也想起一个故事，那是精神科医师王溢嘉写的。

有一对父女夏天重游黄石公园，看到禁止喂食鸽子的告示牌感到不解："去年可以，为什么今年不行？"管理员解释，因为前一年大雪，平常习惯被喂食的鸽子失去了觅食的能力，在寒冬中纷纷饿死，自此便禁止喂食，让鸽子回复自然的生存能力。王溢嘉最后写道：

"自行觅食，代表的是一种积极、主动、进取的精神，这种精神不仅是生存所必须具备的品质，也是发展所必须具备的。你的觅食能力与觅食范围，决定了你的人生格局。"

被好工作"豢养"，是幸，还是不幸？

显然，May 的姑姑被工作"豢养"，失去了自行觅食的能力。她从踏入社会的第一天起，幸运得出奇，被好企业、好薪水、好职称长期喂食，家人朋友都羡慕她，让她失去警觉，从未想过换工作、寻求更好的发展。

二十三年过去之后，公司判定她不再有用，便把她无情地砍了，让她像大雪来临时的鸽子一般缺乏自行觅食的能力，奄奄一息。Rose 认为，这样的生涯模式，开头看似幸运，结局却注定不幸。

一年过去，姑姑失业这件事，依然是家族之间的秘密，仅止于姑侄之间，没人敢告诉七十多岁的父母。May 每天行程不变，清晨出门，晚上回家，毫无异状，而她白天，多半在图书馆度过。这期间，May 也去过一家德商应聘，本以为企业文化相似适应起来会很快，但不久，公司换了一位总经理，May 的提议都不被接纳，而总经理下的指令，May 也认为难以执行。三个月后，May 离职而去。

Rose 每每听姑姑在抱怨老板时，都不免在心里摇头："向上汇报的能力太差！你遇到的根本是小事，我们年轻人比你还会处理。"

熟悉与舒适，让你明天哭不出来

离开德商后，May 再也难找到"门当户对"的工作，求职不断碰壁。这也让 Rose 明白，姑姑的工作表现好，除了努力认真、熟能生巧，其实也有投机取巧的地方，比如熟悉的文化、熟悉的流程、熟悉的工作、熟悉的同事……而这些并不能代表姑姑的业务能力很出色。求职时，二十三年都在同一家公司任职，经历单薄，也会让求才企业担心姑姑适应力差，二十三年的履历反而变成缺点。

在 Rose 说完这个深具警醒意义的故事之后，生涯辅导员大胆给了三个建议，务实有用，特别借来分享：

1. 至少每两年投递一次履历

目的是了解自己在市场的行情，如果企业不太理睬，就代表自己的技术与能力亮起了红灯，必须赶快想办法升级自己，提高个人竞争力。

2. 五年内职务没有升迁或管理范围没有扩大，就必须考虑离职

目的是让自己多多历练，让自己的履历看起来是"经验丰富"却又"稳定性高"，让自己纵深与广度兼备。

3. 培养一个兴趣或技能，拥有第二项专长

目的是为适应时代的变迁、科技的进步而带来的产业淘汰更新现状，让自己可以有第二个可能性，变成复合型人才，拉出人生的第二曲线。

现处的公司幸福感再高、工作发挥的空间再大、薪水再高，也一定要按照以上这三个建议去做，保持清醒，千万不要因为舒适就画地为牢，逐渐失去自行觅食的能力。

PART 3

职场厚黑学：职场的艺术

作家桐华曾说过一句话："有人可以将恶意藏在夸赞下，也有人将苦心掩在骂声中。对你好的不见得是真好，对你坏的也不见得是真坏。"

1

对于职场八卦，做"冰箱"就好，别做"榨汁机"

对于非正式场合的消息、评论，甚至是八卦，你的态度要像家里的冰箱，只管储存与冷藏，冷在心里，藏在肚子里，过期不新鲜时就清理丢掉；千万不要像榨汁机，掺和进自己的情绪与意见，搅成一团，难以脱身。

有一名年轻朋友来问我一个问题。老实说，那个问题在我年轻的时候也困扰过我，现在想通了，所以分享一下我的想法。

这位年轻朋友（以下姑且称他为 Allen）遇到的问题大概是这样的。

有个同事来跟他说另一个同事的坏话，抱怨东、抱怨西，Allen 一听，很替对方生气，忍不住打抱不平，基于同理心，跟着也说两句对方的不是。

哪知道才过了一个月，这两位交恶的同事不只和好了，还比以前感情更好。Allen 顿时有一种猪八戒照镜子，里外不是人的尴尬，像电影《人在囧途》里的王宝强不断地喃喃自语："现在，是什么情况？"

是的，他完全丈二和尚摸不着脑袋，不知道这个月究竟发生了什么事，怎么情况一百八十度大转变？不过事情到这里并未结束，Allen发现这两位同事突然都不理他了，那位被说坏话的同事有一天还特别来质问他，为什么要背后说他的不是。Allen更有一种"我是猪"的悔恨感。

于是Allen来问我，这个结该怎么解开？

面对八卦，两个原则

事情都到了这个地步，我又能给什么建议呢？只能给一个听起来很无能的建议：别想解开了！因为水沟越挖越臭，不如不挖，起码不至于臭气熏天。但是要吸取教训，下次别再给自己挖坑，逼自己往里跳。之后再有人来找自己议论别人的是非时，守好以下这两个原则：

1.别认真把"说是非"当回事

怎么说呢？因为大部分的人都可能被情绪控制，说话不过是闲聊，两片嘴皮子运动运动，抒发情绪罢了，如果你当真，就是你的不对了。所以一定要搞清楚状况，八卦，用耳朵听听就算了，不必往心里去。

真要说起来，这一类非正式沟通的八卦、消息或评论，对于在职场的你，是无法避免的。但你的态度要像家里的冰箱，只管储存与冷藏，冷在心里，藏在肚子里，过期不新鲜时，就清理丢掉，千万不要像榨汁机，还要掺和进去自己的情绪与意见，搅成一团，分不清是芹菜还是菠菜，最后让自己难以脱身。

2. 别提供任何会进一步"发挥"的评语

这时候，你的回应如果是："嗯，嗯，我了解你说的。""你的心情一定很差。""是吗？"可能会比较好，但千万不要附和！即使聪明人也会苦恼，万一附和了之后，被人告诉事主"他也认为你是这样的人"那该如何是好。而完全不吭声，万一被解释成自己默认了，那真是跳进黄河也洗不清了。

如果实在不会处理这种场面，不妨找个理由走开，比如说："主管要我五分钟后交一个报告，我得先去忙了！""突然肚子疼，我得去一趟卫生间。"反正给一个让人无法轻易反驳的理由，给自己搭一个漂亮的台阶。

重点是，不要掺和进去

根据上面这两个原则，让我们回顾一下当时 Allen 到底是哪里做错了。

其实他不过是做了以下两件事，却引来了一个不可收拾的烂摊子：

第一，他表示认同对方的意思。

第二，他表达了一些负面评论。

说到这里，Allen 完全懂了，知道自己不当地使用了同情心，虽然悔不当初，但是再追悔也于事无补。不过，Allen 倒是做对了一件事，就是不再介入这两人之间，没为自己做多余的辩解，让谣言止于智者。

果不其然，没多久这两人再度闹翻，都跑来跟 Allen 说，原来当初对方指称 Allen 的那些是非是编造出来的。

所以，遇到类似情况，建议无妨退而求其次，至少做到以下这一点即可：

做"冰箱"就好，不要做"榨汁机"。

也就是说，别让自己莫名其妙地搅进了别人无聊的是非里！

2

重要的不是"说什么"，而是"怎么说"

其实，老板的习惯是一样的，搞清楚一件事，能看视频就不会选择看图片，能看图片就不会看文字。也就是说，在沟通表达上，重要的不是"说什么"，而是"怎么说"。说话的方法永远比内容更具有关键性的影响力。

我有个同学在美国硅谷工作，部门除了她之外，其他五名同事都是另一个国家的。由于她是"少数人口"，自然就成了"弱势者"，为了融入团体，她会主动帮其他同事多干些活。

由于她的个人牺牲，大家相处得不错。不过，工作多半是她在做，升迁加薪的机会却永远没有她的份。

同事们发展得更好，是因为他们英语好？

每次回来，我都听她叨念那些同事的"不是"，说的不外乎是他们"很敢讲、很爱秀、会抱团，把熟人一个个介绍来一起工作，人多势众，气焰高涨"。相比之下，自己就差多了，成了闷葫芦。最后总会听到她叹一口气，得出这个结论："谁叫他们英语比我强……"

原因真是这样吗？我同学去美国三十年，比在台湾住得还久，英语水平会输给他们吗？直到我最近听到一个故事，才真正抓到问题的核心。她未必是输在语言能力上，更可能是输在表达能力上。这里说的表达能力，定义广泛，包括使用的表达工具，以及对于表达的认识。

故事说的是一名年轻人在跨国公司工作，里面有来自世界各地的人，老板要求他们做一个提案，有人用 Word 写了一个报告，有人用 PPT 做了一个简报，这两种方式都很常见，任谁也没想到的是，印度来的同事竟然大费周章拍了一个影片，动态画面加上声光效果，生动活泼，一下子把大家全比了下去。

自此之后，老板不只经常当众夸奖这名印度同事有创新、有想法，但凡遇到需要做改变或决定的时候，第一个咨询的也是这位印度同事。

重要的不是说什么，而是怎么说

其他同事当然不服气，认为老板应该重视内容的质量，而不是表现的形式。事实上，最后的结果也证明了那个影片不过是一阵热闹，虚有其表，执行的成果并不出众，而用 Word 写的那一份提案反倒是成绩最出色的。但这件事再度确认了大家的偏见，大家又说：

"他果然很会秀自己！"

其实我的看法和他们有些不同，这名印度同事的确值得称赞，理由有两个：

其一，他与时俱进，拥有使用更高阶影音软件的技能。

其二，他抓得住老板的心理，懂得投其所好。

其实，老板的习惯是一样的，搞清楚一件事，能看视频就不会选择看图片，能看图片就不会看文字。也就是说，在沟通表达上，这名同事掌握了一个重点——**怎么表达。**

这个观念，很多人不知道！在沟通表达上，重要的不是"说什么"，而是"怎么说"。说话的方法永远比内容更具有关键性的影响力。

内容再好，也只能拿七分

"7/38/55"这组数字，你见过吗？这不是哪一道门的密码，但它也的确是密码，一组隐藏着怎么好好说话的密码！

美国加州大学洛杉矶分校（UCLA）心理学教授雅伯特·马伯蓝比（Albert Mebrabian）研究出这个"7/38/55"定律，他在实验中发现，当你说话时，给别人的感觉只有 7%

取决于说话的内容，38% 在于说话时的口气以及手势等肢体语言，而 55% 来自于你外表给人的印象。

别人是否喜欢你说的话？众多的因素中，说话内容的重要性才占了 7%！多么惊人的秘密，却很少有人知道。于是，很多人拼了命地把内容做到最好，花了大力气去琢磨内容，却根本不知道自己已经错失了一个又一个有效表达自己的机会。

有一名年轻人跟我提到他的困扰，开会时，其他同事七嘴八舌讲了起来，一听都不是什么高明的意见，他认为自己的意见独到精辟，可是他想表达得再完美一些，期待一说出口就掷地有声、语惊四座，让大家纷纷对他伸出大拇指。

于是他一直花时间推敲内容，很快，时间到了，老板喊散会，结果他什么也没说，谁又能听得到他一肚子的精彩见解？

后来我提醒他，内容只占 7%，不需要过度在意，重要的反而是参与讨论，从彼此的意见中，激发出最佳的答案。他这才恍然大悟，感到自己一直以来都被"必须要说得完美"这个心理障碍给严重耽误了。

职场厚黑学：职场的艺术

从"完美内容"解放吧！

很多人都将不爱表达、不敢表达，解释成性格内敛，从小被学校温良恭俭让的教育给教坏了，我认为这是说远了。就算真是性格谦让所致，一下子也很难改变，不是吗？与其归咎于社会文化或家庭教育等太大的命题，还不如缩小范围、划个小圈，先从"必须说得完美"的禁锢中解放出来，不再执着于内容，而是积极参与讨论。

想通这个道理，不用多久，你就会惊讶自己完全变了个人，成了自己一直想要成为的那种人——一个勇于表达看法的人！

你将不再抱怨：

"明明自己能力强，为什么表达不出来？"

"明明那个人比自己差，为什么他就能自我感觉良好，一直发表不怎么样的意见？"

"明明那个人说得比做得好，为什么老板只听他说的？"

试试看，打破"必须说得完美"的心结，会很有效！

3

你以为，你以为的就是你以为的吗

认真的人，自我期许高、追求完美、不容许出错，希望得到他人的奖励与赞美。一旦被批评，他们不仅会失望、无法客观地接受批评，还会过度思考，认为对方是在怀疑自己的能力、努力，或人品，最后弄得别人不敢说他一点不好，从而阻碍个人与整个团体的进步！

"婉婉又在厕所间哭了。"

这件事传到林经理的耳里时，林经理不禁摇头说："这是这个月第三次了。"

对于婉婉的敏感、容易受伤，林经理万分无奈，跟老板说他不要再兼带行政管理部，还是回去只管业务部就好，他比较习惯跟业务部的人沟通，做错事就骂，骂完再做事，做完事就去喝酒，喝完了又是哥俩好。

想太多，让心情大坏

比起面对客户的第一线业务员，内勤人员太脆弱，让林经理压力很大，说话都要斟酌再三，比冲业绩还让人辗转难眠。

"再这样下去，不只是他们崩溃大哭而已，连我都要崩溃。"

同样是做错事被指责，有人顶得住，有人却受不了，为什么？心理咨询师熟悉的"情绪 ABC 理论"可以给你一个合理的解释。

A 是指诱发性事件，比如林经理骂人；B 是指对这件事的看法，比如婉婉对被骂的解读；C 是产生的情绪和行为结果，比如婉婉痛哭。心情不变的人，是直接跳过 B 这个环节的；心情变坏的人，则是因为在 B 这个环节停留得太久。那么 B 到底是什么？就是想得太多、想得太严重了！

对人不对事

婉婉遇事就会多想，停留在 B 环节，让负面的想法不断发酵，过度解释被责怪这件事。比如林经理说她制作的报表有一个数字输入错了，使得市场判断被误导，婉婉就会解释成："他在骂我笨。""他每次都认为我偷懒不认真。""完了，我一无是处。"

从这些内心的想法，看得出婉婉是认真的人，自我期

许高、追求完美，不容许自己出错，也希望别人给予自己
奖励与赞美。当听到的是批评，她不仅失望，也无法客观
地接受批评，还会过度思考，认为对方是在怀疑自己的能力、
努力或人品，最后弄得别人不敢说她一点不好，从而阻碍
个人与整个团体的进步！

你想的，未必是真的

如果这样的情形一直不改善，领导会受不了你，不再
交付重要任务给你，也不再把你纳为圈内人。升迁加薪没
有你的份，努力、认真得不到应有的回报，怎么办？

唯一的办法是跳过 B 这个环节，也就是不要加入自己
的解释！当跳不过的时候，不妨冷静地思考，问自己："对
方是在说事情，还是在说我个人？""我心里想的，是自
己的解释，还是事实？"并且做到以下三点：

1. 不要绝对化

不要认为自己"应该"获得哪些结果，或"必须"做
到哪个地步，而是改成有弹性的字眼，比如说"最好是可
以获得……""做到……也很好"，来降低期许、减少失望，
让心情放松。

2.不要扩大化

偶尔被责怪一次的时候，别想成"经常"或"总是"被责怪；当有件事没做好的时候，不要想成"所有事"都没做好，限制非理性地扩大解释。

3.不要想糟了

不要把不如预期的一个结果，想成整个人生将因此毁掉，或把自己想得很糟糕。而是要避免陷入负面的情绪而不可自拔。

4

"Yes, and" 原则——不要靠 "Say No" 来刷存在感

"Yes, and" 听起来像是一个说话的方法，其实背后代表的是一种人生哲学——臣服。说 "Yes" 不是示弱，而是打开心胸接纳对方的表现，和对方一起合作，贡献自己的思想与观点。

赵又廷有一次参加节目，演出即兴短剧，观众拍手叫好，专家却摇头说不对。这是怎么一回事呢？

这出短剧的大意，是要赵又廷爬上喜马拉雅山，念出一段告白，送给远方的女友。首先，登顶时，赵又廷做出一个插旗的动作，非常聪明，不言而喻地完美诠释了登顶，这一段获得了专家的赞赏。接着，队友拿出一张纸条，照理说，赵又廷应该迎着风，张口困难地念出内容，可是这时候只见赵又廷做了一个动作，他居然——让纸条飞了！

太意外了！这个桥段本不在原来的预设里，年轻的幕后工作人员掌声如雷，纷纷竖起大拇指，说赵又廷天外飞来一笔，太神了！

而喜剧创始人李新却不以为然，她从让纸条飞了这个动作，看出赵又廷并未受过严格的戏剧训练，为什么？因为赵又廷破坏了"告白"这个段子的设计美意，演对手戏的演员没法演下去，违反了即兴话剧的至高原则。

那么，这个原则是什么？就是"Yes, and"原则。

赵又廷错在哪了？

你瞧，外行人看热闹，都以为赵又廷机灵应变，等专家一解释，才知道赵又廷不对，突显了自我，忘记了对手，忘了要让这出短剧演下去才是最重要的目的。而这个即兴话剧的至高原则"Yes, and"，用在日常沟通，也是一个至高原则。

当一个人提了个话头、做了个开场，你把它想象成打羽毛球，打了一球过来，对面的选手唯一的责任就是把球打回去，而不是让球掉在地上、滚出界外，造成失分。可惜，很多人在日常说话、开会讨论、沟通协调，甚至社交聊天时，都不知道这个"Yes, and"原则。对方丢了个话题过来，我们不是漏接，就是拒接，回了个"No, but"。

为什么我们会这样做呢？因为我们害怕让人认为自己不会独立思考，显得没有主见。

Say No，才有存在感?

现在的人，时时刻刻都在刷存在感，让别人看见自己，看见"我"的存在。绝对不能当一个 Yes Man，那是滥好人，没有意见、没有主心骨，是飘来飘去的"骑墙派"，无法令人尊敬。所以遇到事情，第一个端出来的姿态就是 Say No，接着说出自己的意见，显出自己的分量，"我"才存在。

比如下面这段对话，是不是很常见?

A：我觉得 Ann 长得很美耶!

B：还不够美，Ann 如果再长高五厘米会更好。

B 是不是很有看法?是啊，但站在 A 的立场来看，想想 A 的感觉是什么?没错，是被否定!油然而生的挫败感还会让 A 想跟 B 聊下去吗?不想!聊不下去了，中断了!

不得已，A 只好再开启另一个话题。可是，如果 B 继续 Say No，可以预见，这场聊天必将沉闷无比，因为所有话题都还没开始就夭折了。再想想看，如果我们在打羽毛球，对手老是漏接或拒接，让球掉在地上，这场球赛就算是王牌运动员出场，你还看得下去吗?没有意思了啊!可以想见，下次 A 就不想再见到 B 了，理由很简单，话不投机半句多!于是 B 很可能就此失去一个朋友，长期来说，是损

职场厚黑学：职场的艺术

失了一条人脉。

Say Yes，也可以很有主见！

那么，假使 B 想通了，知道 Say No 行不通，换成另外一种叫作"Yes, and"的说话模式，我们来看看结果会有什么不同。

A：我觉得 Ann 长得很美耶！

B：是啊！尤其她今天穿着粉色的连衣裙，显得她皮肤白里透红！

这时候，A 会有什么感觉？她被认同了，心里那朵花开了，话匣子也就会跟着打开。

而 B 呢？在 Say Yes 之后，也表达出了自己独到的观点，说出 Ann 很美的原因是在于穿对了衣服，显得她也是有主见、有看法的，并不是只应声虫。

开启"Yes, and"的说话模式之后，就会越谈越投机，比如说：

A：Ann 告诉我，那条裙子其实很便宜，是在 Zara 买的。

B：很便宜么！我要去看看有没有蓝色的！

这样的"Yes, and"模式，一来一往，我搭着你的话题，你搭着我的话题，像堆积木一样，一步一步搭建起一个有结构性的城堡，充满有用的信息，对话愉快且有收获。这么一来，你就会喜欢跟对方继续来往，理由很简单，因为跟对方聊天真有趣！

因此，"Yes, and"的谈话模式有三个好处：

· 对方受到认同，跟着打开了心，也就打开了话匣子。

· 顺着对方的思路，加上自己的信息，让谈话变得丰富。

· 这段谈话有用又有趣，不只是聊天而已。

说话，彰显出你的人生态度

平常开会，思维碰撞的时候，也不妨使用"Yes, and"模式，先不要去嘲笑对方的点子有多烂，也不要急于批判他人，针锋相对。把注意力聚焦在攻击与防守，拼个你赢我输，反而会模糊焦点，忘记开会目的是要讨论出一个最佳方案。

"Yes, and"听起来像是一个说话的方法，其实背后代表的是一种人生哲学——臣服。说"Yes"不是示弱，而是打开心胸接纳对方的表现，和对方一起合作、贡献自己的思想与观点。

说"No"是抗拒。虽然可以突出自我，显得自己颇有主见，就像赵又廷在即兴话剧里的演出，看起来慧黠有巧思，却可能因无法搭建出一段精彩对话，摧毁了一个漂亮的铺垫。

5

善良很贵，不要随便浪费

作为普通人的我们，自认为单纯、善良，可能不过是因为这世间还没有给我们机会，去变得复杂、虚伪。一个人不可能永远善良。相反地，善良是有选择的，必要时人们也会拿回善良，露出刀锋的光芒。

最近和一位多年不见的名人朋友相见，才知道他多年来深居简出，虽然生活在名人圈里，却很少和名人来往，知心朋友不多，原因是——"你知道的，不少名人都表里不一"。

其实我不太知道，我的周围都是普通人，而我也不是名人。我不施脂粉也可以大刺刺地走在路上，不会有人认出我。但是我知道，只要是成功的人，没有不复杂的，因此我笑笑跟这位名人朋友说：

"哈哈，我都只看对方的'表'喔！"

钻石的切割面越多，越闪

我不是油嘴滑舌，而是讲真心话，因为我明白了，每个人都是一个多面体，不是一个单面；所谓认识，也不过是认识到这人的某一个单面、某一个"表"，哪里还能看到里？而成功的人，拥有的性格特点远比普通人多，也更为复杂。他们有美好的一面，也有阴暗的一面；有善良率真的一面，也有心狠手辣的一面。

就像一颗钻石，切割面越多，越发夺目；而成功的人都是历经人世沧桑，水里来，浪里去，多年在惊涛骇浪中淘洗，最后才得以琢磨出今天的光彩亮丽。

我的第一任主管，也是名人，对我非常照顾与包容，没有他的赏识与提拔，我的职业生涯发展不会如此顺遂。至今二十多年过去了，我对他仍然充满感激。可是，当其他同事谈到他，却是批评居多。他经常在电视上出现，争议也不少。每个人看这位主管，看到的方面各有不同。所以，升到高位，享受权力的人，不可能只有单一的一面。

但一般人都不想听到别人说自己是双面人、心机鬼，觉得那是骂人的话。我认识一个年轻人，聪明能干，极具发展潜力。如此一来，他难免遭到嫉妒。另一个部门的主管深感威胁，便在背后说他坏话，指年轻人是双面人。这位年轻人愤愤不平，坚持认为自己不是这样的人，认为自己被抹黑了。后来他获得升迁，虽然还是努力维护既有的善良，可是站在那样的高度及立场，他所维护的单一性格越来越难以维持，他开始感到矛盾与冲突。而这时候，他听到的不再是旁人说他是双面人了，而是都称他有多重性格。

因此，作为普通人的我们，自认单纯善良，其实是因为这世间没有给我们太多机会变得复杂、虚伪。

可以复杂，但不可以利用他人

每当有人自称善良，我都只能"嗯嗯"两声，不置可否地带过。因为，一个正常人不可能遇见每个人、每件事都是只有单一性质的；而善良是有选择的，必要时我们也会拿回善良，露出刀锋的光芒，让人看到冷漠或残酷的一面。

不过，针对名人朋友心中的喟叹，我可以体会，因此对于成功发达的人，我向来不喜逢迎攀缘，反而是敬而远之。为什么？

因为他们太复杂。

成功的人在性格上有许多面向，是人情世故，也是生存之道。

我有个朋友事业成功，很会做人，古道热肠，尤其对我是万般好。直到有一次，他想要得到某样东西，竟然跟对方说是我的意思。当时我站在旁边，傻住了，事后他只给我一个解释："提到你，对方比较会买单。"

是吗？其实，真正的原因是，如果被拒绝了，丢的不是他的脸，而是我的脸。也就是说，我是他的炮灰。这种情形发生了几次之后，知道他本性难移，我便逐渐疏远他了。

成就自己，不必牺牲别人

后来我才体会出来，起初他对我的种种好，都怀有目的，想借着我助他一把，跳到更高处。所以我被锁定了，成为他经营的一条人脉。可是，没有人喜欢"被经营"，不是吗？

但他是故意的吗？也未必，很多行为都是不自觉的，习惯成自然，切换到自动反应的模式。他不以为意，别人却非常不舒服，这才是我那位名人朋友真正介意的地方。

成功的人太懂得生存，太懂得自保，也太有野心，想要的东西非到手不可，以至于在关键时刻，很可能下意识地把别人牺牲掉。只要目的达成了，根本不以为这么做有什么不对。所以，普通人不能接受的，倒不是成功的人性格复杂，而是不能接受自己被利用、被牺牲，这是一种被糟蹋的恶劣感受。

为了成功，最终都要付出代价，难免变得性格复杂、心机深沉。所以，不要期待成功人士都能表里一致。但至少，能做到不以牺牲别人来成就自己、踩着别人的白骨往前进，这已经是退无可退的最低道德标准。

一旦失去了对别人的基本尊重，成功也毫无意义了。

6

对于欺负你的人，你必须有一套自己的方法

在工作上，我们都有免于恐惧不安的自由。温良恭俭让有用吗？有时候并没有用！反而会让加害者以为自己是对的，下次将更变本加厉、有恃无恐。所以。一定要拉出底线让对方知道你不好惹！

最近有粉丝来问我，主管很难伺候，不时对他挑三拣四、破口大骂，还冷嘲热讽。他说自己身心俱疲，快被逼疯，几乎撑不下去了，问我怎么办？

我说："离职吧！"

粉丝说："可是这份工作的薪水比同业高些，我有家计负担，担心离职了，找不到这样薪水的工作，看来是走不了。"

长期被欺负，身心都会生病

这段对话，让我想到一月举办签书会时，有一名读者拿书来给我签，他挨着我和我说：他的上一份工作，有些人对待他的方式，让他后来得了忧郁症，不得不离职；休

息一年之后，最近找到了新工作，但心有余悸，恐惧再碰到类似的主管与同事；不过他还是给自己打气说："我会再努力试试看。"

当下，我的心好疼。可是人太多，没法谈话；三个月来，他的话一直在我的脑海里萦绕不去。

因此这一次，我对来问意见的粉丝，用坚定无比的态度说，健康最重要！没了健康，薪水再高也没用。但是我相信，他不见得会离职，因为家计是每天要面对的现实困难。所以我的心里，一直留着这件事，心想对于这些被欺负的人，能不能有两全其美的办法，既可以留在原职，又能不再受害？

经常有出版社请我帮新书写推荐序，但我的时间有限，只能挑着写。因为写序非常耗时，前提是必须把整本书看完，融会贯通，切出独特的角度，衬托出书本的价值。

三月，我挑了这本书《别等到被欺负了，才懂这些》就是为这些被欺负的人而读而写！写完推荐序，定了标题，我想说出我衷心盼望在工作上，我们有免于恐惧不安的自由。

不理他？下次会变本加厉

在你的工作环境里，是不是有这一种人？只要他一开口，就是在责怪别人，这不对、那不对，经常骂人或是出言威胁勒索，或是人身攻击，让人郁闷极了，想跟他吵架。可是大部分时候，一般人都是夹着尾巴逃跑，状态极其狼狈。因为只要是正常人，都不喜欢在职场上与人吵架，很难看、很尴尬，也害怕没完没了，想想算了，下次离远一点，别再招惹对方。

但是，自己这么温良恭俭让，对方会有所改善吗？

并不会！因为别人不理他，他会以为自己是对的，在彼此的关系中，建立起一个相处模式，一方是欺负者、一方是被欺负者，而欺负者下次会更变本加厉，有恃无恐。

这时候，被欺负方的第一个反应无非是自我检讨，我到底哪里做错，得罪对方了？怎么一点也想不起来！

别想了，因为你从头到尾根本没有做错事、说错话，也没有得罪对方，当然想不起来。错不在你，事情并非因你而起，而是因对方而起！至于对方，也未必是针对你，他对其他人也是这种态度，这不是一次偶发性行为，而是人格出了问题。

不是偶然行为，而是人格问题

这种人被我称为"高冲突人格者"（high-conflict

people）。这种人非但不少，可怕的是，大多还都是老板、主管或资深的员工！"高冲突人格者"的情绪起伏大，前一秒还轻声细语，下一秒就咆哮嘶吼，让人难以招架，非常痛苦。

而且"高冲突人格者"共有五种类型：自恋型、边缘型、反社会型、偏执型、戏剧型。其中有些人有人格障碍。这些人有以下四种共同特质：

- **爱指责与抱怨他人**。

- **思考模式非黑即白**。

- **有毒情绪随意发泄**。

- **行为极端让人抓狂**。

在碰到"高冲突人格者"时，首先必须在自己的心里，有以下三点认识，减少不必要的自责、压力与挫败感：

- **他不是针对你，他对任何人态度一样差，所以你不需要自我检讨。**

- **他不是行为有问题，而是人格有问题，这是长期被纵容出来的结果。**

- **他不觉得自己有问题，缺乏"病识感"，所以不要想去改变他，没用的。**

不求改变他，只求他不再欺负你

但也不要因此置之不理，或隐忍不发，这样姑息养奸，长期下来，会给自己造成莫大的压力、莫名的恐惧。所以一定要拿出方法，面对他们，处理他们！

在处理时，不要去想改变对方的个性或改善彼此的关系，而是要把目标缩小到只有这一项——让他下次不再找你麻烦！至于这一次，不必期待能 100% 完全抑制对方，只要能抑制对方行为的 10% 就算有进步。

比方说，对方过去会骂你十分钟，这次减少到九分钟，就是进步，可以在心里暗暗拍手叫好；至于终极目标，则要拉出底线，设立规则，让对方知道下次再越过底线，会踩到哪个地雷是他无法承受的，逼得他不敢再骂你。

什么人容易被欺负？就是没有"方法"处理被欺负这个情境的人！花点时间，把"方法"学起来，一次一次练习，就像健身练肌肉一样，练到肌肉有记忆，成为反射动作，让对方知道你不好惹，就不敢欺负你，这个欺负人的行为模式才会瓦解崩塌。

对于欺负你的人，你必须有一套自己的解决方法！

7

欺负你的人不会自动离开，除非你赶走他

遭遇职场霸凌时，别指望有人支援，尤其当霸凌者是高阶主管或老板时。相反地，这是一场属于你自己的战争。你一定要动手赶走对方，否则他不会善罢甘休，更不会自动离开。必须懂得反击！

有一名男主管经常在办公室破口大骂，吓得属下噤若寒蝉，有的还会躲进厕所间崩溃大哭。因此，只要男主管在房间里大吼一句："××，给我过来！"××就浑身发抖，心想完了，又是哪里被抓包，这下子非被骂上一小时不可。

被霸凌的人，是有价值的好人

当然，没有人应该被欺负，这些"高冲突人格者"就是想欺负人，找人下手，他们只是在找对象，所以不是被欺负的人哪里有错。但即使如此，你有注意到吗？工作环境里，总有一些人特别容易被欺负，为什么？这些人之所以成为被霸凌的对象，有以下三个共同特质：

·忽略警报。

·拥有霸凌者需要的东西。

·默默忍受不当对待。

也就是说，被霸凌的对象，是有利用价值的老实好人，对方不过是利用霸凌，拿走好人身上有价值的东西。

在过程中，霸凌者会设局，只对你进行霸凌，对别人却完全不是这样；尤其对老板或主管，看起来可是能力强且事事顺从，不像本文开头那位爱骂人的主管。这也是为什么当自己清醒过来时，发现身边没有盟友，就算找老板或主管申诉，也得不到支持。

解决方法：提出问题！

别指望有人支持，尤其当霸凌者是高阶主管或老板时，这是一场属于你自己的战争！而且你一定要动手赶走对方，否则对方不会善罢甘休，不会自动离开。所以，必须懂得反击！

一开始，你要有能力辨识对方设下的陷阱，提高警觉性，在第一时间让对方缩手，不再继续下去。为什么第一时间如此重要？首先，因为对方在试探，不能让他发现你是可猎捕的猎物；其次，其他同事也在察言观色，决定站在哪一边，因此绝对不能让这个不利的氛围形成。

怎么办？

针对对方的挑衅言语，不要中了他的圈套，跟着玩起他的游戏，还玩得奇烂无比，比如被激怒、反唇相讥，或重重甩门表示愤怒等。那只会让自己看起来果然是个麻烦人物，还将对方的霸凌合理化；相反地，做几次深呼吸，冷静下来，然后只要做一件事：提出问题，反问他！

霸凌者：你这个笨蛋！

你：是吗？

霸凌者：你需要换一位发型设计师。

你：你想介绍哪一位？

霸凌者：开玩笑的。

你：真的吗？

当你不断提问，局面就会从此翻转，变成对方必须回答，他就会结巴答不出来，或是强词夺理说不该说的话。看在其他人的眼里，就可以确定是对方有问题。而你不同，你的态度良好，一再宽容对方的无理行为。光是提出问题，就能让对方输得难看，知道你不好惹，下次就不敢再挑你下手。

针对主管或老板，提出请教！

是的，从提出问题的那一刻起，就明白地向对方宣战！

不过，对方如果是主管或老板，提出的问题必须稍做调整，不要失去信心，带着请教的态度，就事论事，顺着他的质问，重复他的问题，把问题再抛回去给对方。

主管：你到底在报告什么，我都听不懂！

你：请问您哪里没有听懂？我可以再报告一遍。

主管：你是没有带脑袋来上班吗？

你：请问，您认为我哪里没有思考清楚？下次我可以再周全一些。

就算是霸凌者，也都有固定的套路。请仔细回想，对方都习惯性说了哪些话、做哪些事，针对它们，怎样的提问可以将对方喊停。第一次提问时，一定不熟练，但只要开口了，就要觉得自己很好，跨出这一小步，就是反击的一大步！慢慢地，多讲几次就会熟练，接着会发生一个奇妙的结果：

从此，改变你们的相处模式！

倘使"提出问题"这个方法还无法终止对方的霸凌，那就录音！把这些录音收集起来，也把事件一一记录下来。如果想继续留在原职，就寄给人力资源主管及老板；如果不想待在这家公司了，而且认为公司不会处理霸凌者，那你还可以寄给政府的主管部门如劳动局。

职场霸凌，可能无法终止，但是要将针对自己的霸凌喊停！

8

为了能红很久

谢金燕在她的个人粉丝团签名上写了这么一句话："为了红很久。"是的！人生在世，不就是拼这些？还要活很久，还要红很久，所以我们要努力，包括努力让自己健康、努力让自己美丽、努力让自己有朋友、努力让自己有一技之长……要做到这些，归纳起来，不外乎两个点：自制与自律。

我一直很欣赏谢金燕！昨晚回到家，看到她努力运动的视频，"A4腰"、身材完美。她在个人粉丝团签名上写了这么一句话："为了红很久。"

是的！人生在世，不就是拼这些？

还要活很久，还要红很久，所以我们要努力，包括努力让自己健康、努力让自己美丽、努力让自己有朋友、努力让自己有一技之长……

在职场，就是不能"显老"

而人到中年，还在江湖行走，得再添一项——努力不让自己显老。这里的"老"，要从广义上来理解，心态、认知、专业技能，乃至于面容。

有次我在脸书（Facebook）的粉丝专页放了一张照片，好几位读者来问我："这个人好年轻，真的是你吗？"

没错，是我！是我！是我！

而且特别强调，没有开美颜、滤镜！

但是你可能不知道，我的头发九成是白的，你看到的黑发是染的。为了这个白发，我曾经很伤脑筋，因为我其实很害怕死啊！大家都说，染发会致癌，我至少每隔一个半月就要染一次，否则发线处就会有一条白沟露出来，难看死了！于是我问我的美发师，让它整头白了好不好？我的美发师脾气很好，但这次他居然想也不想就说不好！因为：

"你在职场，白发显老！"

我会放弃吗？不会的！再追问他，那别染这么黑行不行？比如带点橘、带点紫、带点绿，时髦一些，如何？他仍然说不行，因为：

"你的白发太白了，不染黑，盖不过去。"

白发，染还是不染？

因为这件事，我非常羡慕我的同学。她在英国当学者，早在几年前就不染发，顶着一头白发，优雅好看，整个人好像打了一圈光，还是智慧之光！我这位同学说话，特慢，每个字都是咬出来的，当她再用浓浓的英国腔慢条斯理地说着话，就是一种亚洲人少见的高级感！

可是，她的白发在英国行得通，因为那里有各式各样的发色；到了台湾地区，就不行了，我们这儿只有在年纪大的人身上才会见到白发。有一次她回台湾，气呼呼地跟我抱怨，坐地铁的时候，居然有人站起来给她让座！

"太不礼貌了！"

我忍不住当场大笑了起来。没听错吧？她居然说给她让座的年轻人不礼貌。是不是一个文化震撼？没错，欧美人是不让座的，那是年龄歧视，看不起老人有体力可以全程站着乘车。不过从我同学的例子来看，在台湾地区，连坐地铁都不能顶着白发，更何况是工作？

有次我爸爸看到我，特别把我拉到一旁，小声叮嘱："你怎么有白发？这不行，要去染！你怎么戴老花眼镜？这不行，要去换双焦！"他到现在，即使在家里，也还是穿着衬衫加西裤，还发明了一套怎么让秃头长出头发的秘方。不骗你，浓密到你会以为他在戴假发。然而他今年八十有三。

所以，我的不显老，是有"家学"传承的。

尤其要注意外表

最近有一名年逾五十的人来问我，他的公司在陆续裁员。我问他都裁了哪些人？他说，当然是上了年纪的，所以他才会紧张万分。我再问他，为什么裁这些人？他翻了翻白眼，心想这是什么问题，还用问吗？不就是嫌我们又老又贵！

这时候，我也不客气了，指着他那一头白发说："那你还老给大家看！他摸了摸头，愣了一下后问我，白发有这么严重吗？我就回他，你这一头白发，在所有黑发里无比刺眼，不就是在时刻提醒老板："我在这儿，你怎么还没有抓到我，把我裁了？"他一听，吓出一身冷汗，直说回家就把头发染了。

就像谢金燕说的，你要红很久！要红很久的人，就是不能显老！再说一遍：老了不是你的错，但显老就是你的错！

自制＋自律

至于怎么不显老？要做的事多着呢！归纳起来，只有两件事，自制与自律。就像谢金燕，每餐七分饱就是自制，

职场厚黑学：职场的艺术

每天坚持运动就是自律。

但我仍然要再给中年人两个建议：

1. 不要胖

因为，胖就会显老！胖了之后，不要说体态走样，连动作都不美观。有一名中年人想发展事业，需要口才的训练，找了教演讲的王东明老师。

王东明一看到他，就问他以前是不是个胖子。把对方吓坏了，因为说中了！王东明特别提醒："人不能发胖，即使后来瘦下来，还是会残留胖子的动作与行为习惯，不自觉就会流露出来。"

是不是很可怕？凡走过的路，必留下痕迹，一失足便成千古恨，谨记！

2. 不要穿很花同时又很宽松的衣服

这种衣服，哪里最多？菜市场！什么人在买？上了年纪的老太太！为什么会买？因为穿起来自在舒服！没有美女帅哥会在穿着上追求自在舒服的！他们最自在舒服的时候，就是你把仰慕的眼光投向他们的时候！所以什么叫自在舒服？不过是把"穿着随便"说得好听罢了！

我有两次上吴淡如的电台节目受访，她只出声音，不露脸。其实，她随便穿穿就可以，但我每次见她，她都穿得很讲究，而且走年轻路线。有一次是吊带短裤搭配及膝长靴，有一次是黑白的运动风。她说，她去大陆上中欧国际工商学院，和成功人士相处之后，发现这些人自制又自律，非常严谨，穿着也是相当讲究，不管是什么场合，从来不随便穿。所以，现在的吴淡如就算是倒垃圾也会穿搭整齐，不过……吴淡如随即说道："我家的垃圾不是我倒的。"也就是说，不论何时，她都很注意穿着。

9

远离那个"好心提醒你"的同事

"听说"某人对你有意见？要么不在乎，要么就去问个清楚吧！不要瞎猜！但这不是要你去兴师问罪，而是建议你用谦逊的态度，礼貌客气地请对方指教，弄清楚自己哪里不足，以及哪里可以做得更好。

你是不是碰到过有人来告诉你，老板不喜欢你这样做事；或是说，主管批评你的工作能力不行！再或者，某某同事跟别人说，因为和你合作，害他成绩被拉下来！再或者，某某客户受不了你的穿着品味！

来告诉你这些话的人，看起来都很好心，你也很感谢他们来提醒你，但从此之后，你就没有一天好日子过了，不是吗？

被侧面告知，最容易引起瞎猜疑

很多人的第一反应是自我质疑："啊，我不知道我有这么差！""现在我该怎么办？"可是检讨半天，你也不知道是哪里出了问题，于是就想成对方不喜欢自己。接着，你会怎么做？

你会从此绕个弯，避开那个被传不喜欢你的人。久而久之，你们的关系慢慢疏远，彼此开始有隔阂，日子再久一些，你们中间就架起了高墙，再也跨不过去。当你们不得已见面的时候，脸上会明显地挂着尴尬的微笑，极其不自在。可当你和其他人在一起时，却是有说有笑。这样的行为，落在对方的眼里，代表什么意思？

是的，对方会认为你不喜欢他！但其实，是你害怕对方不喜欢你！

那么对方会对你有好感吗？当然不会。最后的结果，就是"看来，他果然很讨厌我！"这时，你反而会回头感谢当初提醒你的同事，要不是他好心提醒，自己岂不是像个笨蛋，被讨厌还不自知，还傻里傻气地跟对方示好，让对方在心里笑自己。

我有过相同的经验。曾经有一位好心的同事跑来提醒我，另一部门的主管对我有意见。那时候我刚毕业，年轻不懂事，吓出了一身冷汗，整个人都慌了，不知道怎么办才好。后来的发展就像我上面提到的。

好心？未必！

多年之后，在一个场合意外碰到这位主管，他不仅热情地跟我寒暄，还主动邀我喝下午茶。那时候，我才鼓起勇气跟他致意："当初年纪轻，做事不知轻重，希望没有给你造成困扰。"

这位主管先是愣了一下，然后笑着说，哪里是这样的，他还跟我的同事称赞我，想要向我的直属主管借人，跨部门合作一个项目，可是后来感觉到我不太想跟他互动，便找了另一名同事合作。

是的，你想的没错，这名同事，就是好心提醒我的同事。因为有了这个亲身经验之后，后来再遇到类似的情形，我都跟自己说，要么就别在乎，要么就去问个清楚，不要放在心里瞎猜。但这并不是要你去兴师问罪，而是建议你用谦逊的态度，礼貌客气地请对方指教，弄清楚自己哪里不足，以及哪里可以做得更好。比如说：

"董事长，您的工作经验丰富，在这一件事上，可不可以给我一些指导？"

重要的是，让对方以后喜欢你

一般来说，多数人都好为人师，乐于指导别人。他们会认为，来请教的人肯学习、积极上进。因此，不论老板、主管还是客户是否真的对自己有意见，自从你请他们指导之后，他们很可能，不仅对你不再有意见，还会对你建立起良好的印象，将来还可能会更愿意帮助你。

总之，重要的不是对方过去喜不喜欢你，而是他以后会不会喜欢你，这才是你去询问对方的唯一目的：从今以后，改变他对自己的看法！至于对方要不要喜欢你，由你决定，不是对方，更不是来传话的第三者。

在这里，教你三个方法：

· 过去你会躲着对方，现在你要接近对方。

· 过去你会在心里瞎猜，现在你要去请教对方，自己怎样才可以做得更好。

· 过去你只会气对方不喜欢你，现在你要让对方开始喜欢你。

你说，这样是不是更聪明？这就是进步！这就是智慧！

向上管理，同样很重要

最近，我有个粉丝换了新的工作，也碰到了相同的情况：有同事好心来提醒他，公司的文化是一言堂，老板说了算，开会时，老板不喜欢听到相反的意见，劝他减少发言，因为老板已经对他有些反感了。于是这个粉丝来问我怎么办？

我说："你可以直接去问老板，了解老板对你发言的感觉。"不过在询问过程中，请使用"7/38/55"这个密码，记住，说话内容只占7%，声调语气占38%，剩下最重要的态度占55%。因此在态度上，一定要让老板感到他受到了尊敬。

粉丝按照我说的去做了，结果老板给他的回答，和同事提醒的完全不一样，老板说："开会，就是要贡献自己的意见，意见越不同越好。思考周全，减少失败，这是值得鼓励的事！"

当然，老板也有可能是被这位粉丝一问，临时改口这么说的。但如此一来，不也是向上管理的一个办法么？老板下次开会时就会自我警惕，包容不同的意见，而这，不就是粉丝想要达到的目的吗？

所以，下次再有人好心来提醒你，某某人对你有意见或不喜欢你时，直接去问当事人，结就解开了！千万不要闷在心里瞎猜，反而使得对方"果然不喜欢自己"。

10
有"特权"可享的都是什么人

公司存在的目的是生存与获利，不是追求公平与正义。没有一家公司，制度没有漏洞、永远不"开后门"。如果你还在抱怨，不过是证实了一个事实——你只是"一般员工"，而不是"关键性人才"。

Maggie 现在四十二岁，两年前已经升至药厂的研发大主管，掌控药品的动物试验，年薪可想而知是非常高的。有一次，Maggie 去上海和一家企业洽谈合作细节，预定隔天搭飞机回台北，清晨睡意正酣，床边电话响起……

其他员工的牺牲，只为了成全她

Maggie 瞄了一眼时钟，才凌晨五点，前一天和她谈判的企业总经理已经到达她住的饭店，邀请她共进早餐，并开出了三倍年薪挖角。没想到，Maggie 不为所动。Maggie 倒不是对前东家死心塌地，而是不愿意待在上海工作，理由是："上海的雾霾太重！我不想为了工作付出健康的代价。"

谁知道，对方总经理竟然不放弃，甚至进一步开出了一个史无前例的条件，让她在台北的家里上班，通过网络来处理上海公司的研发事务，只需在必要时飞到上海做出关键性的决定。

为了配合 Maggie 在台北工作，上海的公司做了天翻地覆的改变，人员配置、工作流程简直有了一百八十度的转变，三十天内演出了一场要耗费三年才能完成的组织架构调整，上海的员工必须遵守新的制度与规定。结果当然是怨声载道。一位上海的同事推开总经理的大门，表示严重抗议，直接挑明要调部门！然而，总经理不以为然，只淡淡回了一句：

"目前，没有其他部门有空缺适合你调动！"言之下意，你只能忍着。

"凭什么要牺牲多数员工的权益，去迁就一名员工？"

"凭她可以帮我们在亚洲顺利上市，创造破兆元的市值！"总经理直言不讳，还反问一句，"你有这个本事吗？"

普通员工好找，关键人才稀缺

既然是制度或规定，就很难人人适用。难免会有人觉得这个规定不人性化、那个规定不合理，觉得制度僵硬、老板在管理上不知变通……却可能没有想到，那是因为自己的能力普通所致。那些制度与规定是为"一般员工"设计的，目的在于一视同仁、方便管理，而老板不知变通，很可能是因为没有人值得让他破例。

相反地，在公司里，总有一两个人是特例，永远是"例外管理"，不在制度与规定的名单内，享有令人欣羡的特权！这样的人，不一定是位高权重的高阶主管，但一定是以下这两类：第一类是掌握关键技术或客户，像 Maggie 就属于这类人才；第二类是实力强大，拿得出绩效数字，业务主管归类于此。以上这两类人，有一个共同特色，那就是他们都站在同一个位置——决定公司生死存亡的关键性位置。

Maggie 不是单一的特例，她的学妹 Rose 也是一样，公司在大陆，人在台北家里上班。

Rose 学的是生物医学专业，毕业后未从医，而是到药厂从事研发工作。这样拥有生物医学教育背景的人在亚洲属于稀有人才，早早就会被挖至大陆工作，给予高薪，委以重任。Rose 便是这样，一直做到研发大主管的职位。

三年前，她回到台北结婚成立家庭，生下宝贝儿子后，请了两年育婴假留在台北，期满后她舍不得还小的孩子回大陆任职，于是交了辞呈，主要理由是："我不想为了工作，而错过孩子的童年，也不想牺牲一生的幸福。"

没有特权，谁会努力？

经她这么一说，总公司不仅留任了她，还同意她在台北的家里上班，并扩大了她的管理权限，整个东亚地区的业务都归她管，包括韩国与日本。也就是说，Rose 在请育婴假两年之后，本想辞职，结果却是升了职、加了薪！这样的结果，和一般员工追求的公平与正义完全相反，为什么？

"我请育婴假的这两年，老板发现我这个人挺好用、挺有价值的，于是我要什么都愿意认账。"

那期间，部门成效大幅降低，也找不到合适的人接手，遇到难题仍要请 Rose 处理，让她提供判断与决定，所以总公司不得不接受她的工作条件，而东亚国家的同事们，也要习惯这位"在家工作的妈妈主管"。

这种特权人士，不要说在职场会经常遇到，即使小时候在学校念书时，也是存在的。

我儿子念小学时，有一位家长特别爱抱怨，抱怨内容不外乎是老师偏心哪一位同学，冷落其他同学，或是给哪位同学特权，而其他同学都要按照规定走。那些被点名受宠的同学，不是第一名、班长，就是模范生。

这位家长经常扬言要联合其他家长向校方反映，用集体的力量促使老师改进。因为抱怨次数太多了，有次我便问儿子是不是有这个情况？没想到，儿子毫不在意地说："如果没有特权，谁要认真念书或乖乖听话？特权就是奖励啊，我也很想要！"

抱怨，不过是揭露了自己的不足

连十二岁的孩子都懂得，有糖吃的孩子靠的是自己的实力和本事！对老师来说，这也是一种奖惩管理，成绩普通的"一般学生"遵守规定，否则会受到惩罚；成绩顶尖的"好学生"则可以获得奖赏，享受特权。

学校是这样，职场也是这样。公司存在的目的是生存与获利，不是追求公平与正义。没有一家公司，制度没有漏洞、永远不"开后门"。如果你还在抱怨，不过是证实了一个事实——你只是"一般员工"，而不是"关键性人才"。

如果到了那一天，你不再抱怨了，很可能你已经是特权人士了！假设这一天不会来到，也要懂得闭上抱怨的嘴，否则老板绝对会牺牲你这个"小我"，成全关键性人才的"大我"。

11

职场陷阱

千万不要因为在大企业任职，抱着一本工作执行准则，便觉得工作有规则可循、公司有保障，而让职业生涯暴露在风险中。很多美好的制度、流程设计，背后其实是陷阱。公司在自我保护，你也要做好防护，不要让你的竞争力一点一滴地悄悄流失掉。

"这个度假，我是被逼的！"

我有个事情和 Jack 联系时，发现他们全家正在国外度假，预计两个星期。这真是让人羡慕，一听是公司负担全额费用，我更羡慕得连口水都要流出来了。但令人意外的是，这位外商总经理似乎一点都不高兴。

公司，也要自我保护

天底下还有这等怪事，公司花大钱给员工带家人度假，员工却一副万般委屈的模样，真是矫情了吧！不过很快，我就知道 Jack 的不高兴是有道理的，这趟度假说穿了，是公司的"调虎离山计"。

　　每年一到暑假，外商高阶主管——休长假四周至六周，一般人直觉上都会这么想："这家公司的福利太棒了，有朝一日，我一定要挤进外商，做到高阶，享受长假！"其实，长假背后的真相，是总公司支开他们，以便放手进行稽核，包括他们的管理是否符合规定、有无漏洞或弊病等。最重要的是，在这些大主管不掌舵的期间内，看公司的营运是否变差。也就是说，总公司除了稽核诚信之外，也在确认他们的"可被取代性"。

　　听起来真是令人毛骨悚然，不是只有一般员工要担心被取代，连高层的总经理都难以幸免。不过对于这一点，Jack 倒是胸有成竹，因为外商总经理通常三年一任，他的任职即将届满，也该是时候来检查需不需要留任他了。如果确认他的品格与能力不佳，就会解聘；反之，如果稽核过关，Jack 也不会留在台湾，而是会被调往其他地方，避免滋生贪污腐败，或串联业务转移，将客户与业务转移至其他公司。Jack 的结论是："公司，也要自我保护啊！"

　　Jack 接着解释，跨国公司的管理不是靠"人"，而是靠"制度"，以减少被"人"绑架的风险。不论是高阶或基层，在制度上的设计，就是想办法降低"人"的影响力，每位员工都可以被取代，而不损公司一丝一毫，公司运作如常。所以，随时都要有被用完丢弃的心理准备，所有岗位都有任期，没有做到退休这回事。

工作执行标准手册，工作简单是好事？

不奇怪，员工当然也会自我保护。公司发薪水只要慢一天，或宣布放无薪假一周，马上传言满天飞，隔天就有人递辞呈，溜得比谁都快。

一样地，公司也会观察一些指标的变化，来稽核营运是否健全发展，底下的员工会随时被撤换或改变方向，以使这条大船能行驶得长远稳健。所以，不论是公司还是员工，其实都是现实的，并非公司无情残酷。这些，是员工应有的正确认知。

不过，令人心生恐惧的，还不是合同里签约的任期，而是一些隐藏在工作里的工作流程！这个最不易被察觉，然而却对个人竞争力破坏最强。哪天遇到公司营运不佳，你连跳槽的底气都没有。在外企从事人力资源管理四十多年的 AY，就直接指出，培养个人工作能力最大的杀手就是——分工精细！

一般人都以为，分工越精细，就越专业。入职时发到手的那本厚厚的《工作执行标准》，让人毫不怀疑这是一家现代化管理的企业，公司由内而外都散发着一种"高级质感"，连带着自己周身也似乎出现了一个光环，闪闪发亮。公司甚至还会煞有介事地举办晋级考试，和职位升迁联系在一起。大家在把《工作执行标准》逐条背到烂熟之后，像机器人一样简单动作，很快就可以熟能生巧。这么做，虽然确实会提高工作效率，但背后隐藏的意义却是——

工作越简单，员工越容易被取代。

把工作切割成机械性的动作，招聘的门槛便可以降低，未来机器人一旦上线，就可以直接把人换掉。在快餐店做十年，又怎样？来一个新人，三天上手，便把你取代掉了。工作越简单，员工越容易被取代。人的价值体现不出来，薪水就调不上来。于是，全职做成兼职，月薪领成时薪，最后可能只能靠最低保障工资。

过度专业，影响全能性

最近有一位年轻人想要离职，来问我意见。他说，公司在管理上缺乏制度，只要有临时任务，便派他做这做那，长久下来，找不到自己的定位，担心自己不具专业性，失去竞争力。反观自己的同学们，在大公司做事，分工精细，

职场厚黑学：职场的艺术

人人只负责一个领域，变得非常专业。这让他很焦虑，感觉自己跟同学的距离越拉越远。显然，他是在一家规模不大的公司，业务繁忙、人手不足，被训练成了全能型的工具人。

我的朋友 Margret 开了一家整合营销公司，员工不到十人，去年从一家全球性广告公司重金挖到一位总监，具有十五年的优秀从业资历。但不久后，我却听到了 Margret 的抱怨，抱怨自己挖错了人。这位高手不如她想象中的厉害，只擅长广告策略与购买，其他如网络营销、举办活动、公关操作等，没有一项在行。她花了高价，原打算招揽一个包山包海的全能型人才，没想到这个人在大企业做久了，过度专业，只有一项专长，偏偏 Margret 在广告购买上的金额不大，此人的贡献度越发显得低，让 Margret 不禁扼腕慨叹：“这个人才，买贵了！”

这位高手自从离开大企业之后，在几家小公司之间流浪，都没办法很好地适应，也都没待长。因为他找不到可以发挥的舞台，一直抱怨小公司没有制度。

Margret 一语道破天机：“他是一个厉害的专家，但是我们要的是什么都懂的通才。”

有专业技能，也要有通才特质

大公司，把人训练成专才，固然可以提升人才的价值，但如果技术转变，个人没来得及跟上，专才就会变成废才，无法适应新的产业环境。所以，在专业性之外，也要具备"通才"的特质。这样，在遇到产业更迭时，才能快速移动到下一个风口。

千万不要因为在大企业任职，抱着一本工作执行准则，便觉得工作有规则可循、公司有保障，而让职业生涯暴露在风险中。很多美好的制度、流程设计，背后其实是陷阱。公司在自我保护，你也要做好防护，不要让你的竞争力一点一滴地悄悄流失掉。

12
谁是最可能背叛你的人

职场里，充满政治性的角逐，不如想象中单纯，但也不至于复杂难解。说穿了，就是人性与欲望的交相运作。因此，所谓的朋友或敌人，都是权宜了动态竞争环境下一时的角色关系，但职场的形势瞬息万变，没有永远的朋友，更没有永远的敌人。

宝儿与洁米这两个人，从幼儿园起，到小学、高中都是同学，还一起加入了游泳校队，自然而然地成了闺密。大学毕业之后，由于所学相近、志趣相同，两人意外地进到同一个精品集团，都做营销，只是负责的品牌不同。

当然，两人很高兴可以进一步成为亲密的战友，相互支持，不论创意策划还是举办活动，都会无私地为对方贡献点子与时间，上班在一起，下班相约吃饭再讨论，经常谈到欲罢不能，充满革命情感。

这样一对人人称羡的好友，共事三年后却反目成仇。这种例子在职场俯拾皆是，难道亲密战友最终的宿命就是分道扬镳？

暗藏杀机的发票

宝儿负责的品牌，风格路线切中时下潮流，加上营销操盘巧妙，去年创造了高人气的口碑，也刷新了业绩纪录。宝儿受到了公司的高度肯定，拿到了丰厚奖金，从经理升为总监。

相对地，洁米就没有那么幸运了，她负责的品牌虽然经典，但顾客层老化，回购率低，业绩不振，即使营销手法不断推陈出新，仍是收效甚微。洁米经常被总经理请去"喝咖啡"，更不用说升职与加薪了。

洁米心有不甘，认为彼此年龄一样、念的学校一样、所学科系一样，没有道理自己输给宝儿，认为一切都是因为自己倒霉，分到了错误的品牌。眼看着宝儿意气风发，职运亨通，洁米压不住心中熊熊的妒火，开始有意无意地做小动作。

可是宝儿人逢喜事精神爽，整个人自信满满、乐观无比，加上她珍惜友谊，想要维持关系，便选择性地漠视洁米为她一步一步堆起来的职场风险。直到有一天，总经理找宝儿兴师问罪，拿着一堆发票，要她解释和洁米的餐费怎么会用来报账。

"可是，我们俩是下班后讨论工作，也算是加班。"

"你们俩是好同学，怎么证明这几顿饭都是在讨论工作？"

我们都一样，凭什么赢的不是我？

宝儿不免纳闷，这一类报账已经有一两年了，以前都可以过关，怎么这次会被拿来放大处理？这时候，总经理抽出其中三张，分别是宝儿买衣服，以及脚底按摩、美容SPA 的发票！

"连买衣服都报，当公司是你家开的吗？"

"这是洁米帮我报的，我不知道怎么会夹进去！"

"洁米说，你告诉她，当总监有一笔特别费用，什么都可以拿来报！"

此时，宝儿才意识到被洁米摆了一道，比起被总经理冤枉，令她更心寒的是洁米的背叛！后来宝儿黯然下台，也离开了公司，从此两人形同陌路，开同学会时更是有你没我。这样的结局，让其他同学直呼不可置信！

亲密战友，背叛你的3个原因

不论是在职场还是在任何人际关系中，背叛者通常都是与你最亲密的那个人，对你的伤害也最深，而对方背叛你的原因，不外乎这 3 个：

1. 背景相似

因为相似，对方怎么看怎么顺眼，一开始很容易走得近成为好友。可是当两人的薪资待遇、职位升迁出现落差时，输掉的一方就会不服气，产生"瑜亮情结"，关系便会出现不平衡，弱一点的一方可能妒意油然而生。

2. 了解最深

亲密战友，彼此知之甚深。感情好的时候，无话不谈；一旦感情出现裂缝时，对方就是掌握你最多秘密、知道你关键要害在哪里的人，一出手便是一击致命。

3. 毫无防范

能成为好友，最重要的基础是信任。即使感到对方有些不对劲，为了维护关系，较强的一方通常会自我欺骗，告诉自己看见的不是事实，而不自觉地身陷危险之中。

越相似的人，越可能背叛你

职场里，充满政治性的角逐，不如想象中单纯，但也不至于复杂难解。说穿了，就是人性与欲望的交相运作。因此，所谓的朋友或敌人，都是权宜了动态竞争环境下，一时的角色关系，而职场的形势瞬息万变，没有永远的朋友，更没有永远的敌人。有这样的心理准备，一旦事发突然，起码不会被背叛立刻击垮。

那么，在办公室里，什么样的人最需要防备？

一般人都认为，最需要防备的，是对自己最不友善的那个，或是责骂自己最凶的老板、主管。其实错了，正确答案是，那个跟你最相似的人，或跟你最相似的那一小撮人！相似包括：家世背景、学历条件、工作经历、强项能力、个性特质，以及在公司里的部门、职务、职位级别等，彼此背景条件越相似，越容易发生背叛的情况。

至于到底相似与否，很可能不见得符合你的认知，重点是对方的感受。因此，即使你认为彼此根本不相似，但是只要对方认定相似，相似性就成立，对方就会拿你做比较，产生与你的竞争，从而产生嫉妒与敌意，甚至制造毁灭性事件。

相似的同事，4个相处原则

在办公室里，最相似的同事是谁？一般来说，就是坐你旁边的那一位！同一个部门、同一类职务、同一种位阶，经常合作。想要吐苦水、抱怨主管或工作时，你第一个一定找他，因为他最了解情况。所以，他比谁都清楚你的痛处，若是想给你挖坑，出手绝对一招比一招准！光是把你抱怨主管的那些话，搬去给主管听就够了。

但相似的同事并不是坏人，只是他认为他拥有的"应该"和你的一样多，或比你多一些。一旦这个期待落空，想要扳回一局时，他很可能就会做出伤害你们感情的事。所以相处时，请明白下面四点：

- ·要明白，坐在旁边的同事是合作伙伴，也是竞争对手。
- ·不要跟他诉苦与抱怨。
- ·如果可以，不要让他知道你的薪水。
- ·当你升职、加薪时，小心防范可能出现的意外。

对于这样的人，你只能比他强，而且要强很多！所以务必快速拉开差距，把相似性降到最低，远远把对方抛到后面，让自己不会出现在对方的敌意名单中。

PART 4

钝感力，大智慧

　　大智若愚，大巧若拙，强者和弱者的区别，还在于心理素质。别无聊拿放大镜看世界，小心翼翼、紧张敏感。人生不易，有些事情别太在意。

1

这样当领导，这样做下属

当你和主管相处卡壳时，想想父母，看看主管，褪色的记忆藏有很多你刻意忘掉的不愉快，而那里面就有解决问题的答案。然后，你要做的是，回头修复与父母的关系，在这段也许会失声痛哭的过程中找到与主管相处的解决方案。

你有没有想过，自己过着矛盾的一生？

多数人不喜欢活得像父母那样，想尽办法逆着过，最终却发现，自己这一生简直是父母一生的翻版。或许，你也从来没有想过，自己和主管的相处，就来自小时候和父母相处的经验。

每个人都像孩子般，在重复与父母的关系

如果与父母的回忆充满创伤，很可能你和主管的相处，会有很多地方特别不通顺。那些能愉快地和主管相处，没有遇到什么难关的同事，多半和父母关系良好。所以当你和主管的相处遇到困难时，也许，回溯自己的成长过程，

可以发现问题的一些线索。重新调整与父母的关系，与主管的相处问题也即可解决。

比如很多父母的教养模式，是孩子做错了就骂。这样，很可能会让孩子变得容易自责，认为自己不够好、没用，别人一定不会好好对待自己。长大后，孩子会将这个意识不自觉地重复性复制到生活中，把与周围的人际关系，变成幼时与父母的关系模式。向日葵心理咨询中心的创办人胡慎之就说：我们就像一个孩子，在等待着别人会怎样对待我们。

我有个同事让我特别头痛，他总是要等到火烧屁股了，才来报告坏消息，偏偏到了那时，我已经没有多少时间可以挽救了！奇怪的是，怎么说他都没用，就是改不了这个推迟报告的习惯。直到有次过年前，因为要排休，我问他什么时候请假回家，他说不回去了，因为手头紧，发不出红包，要我多排他过年上班，好赚加班费。

"不要这样想，父母想看的是你，给不给红包不重要。"

"不行啦，我不想让父母知道我过得不好。"

报喜不报忧

这是很多在外打拼的游子的一贯选择——报喜不报忧。不想让父母操心。后来我听到这个同事打电话给父母说，主管看他表现优异，公司有个年度大项目要交给他负责，必须过年留下来加班完成，之后公司会让他升上主任，还会加薪。

我以为这件事就这样交代过去了，年后他却告诉我，父亲听说他不回家过年，觉得事有蹊跷，整天在家里踱步，急得心脏病发，最后他还是得赶回去随侍病榻。不过我实在忍不住好奇心，既然回家了，那到底有没有给父母红包？

"朋友听到我父亲住院了，都肯借我钱了。"

那一刻，我终于明白报喜不报忧的习惯，在他很小的时候就养成了，而我不过是承担不良后果的那个人。于是我便问他，他小时候犯错时，父母都怎么做？

"当然是把我骂一顿，有时候还会饿我一顿，或不准跟同学出去玩。"

后来他便学会了"不诚实是上上策"，也因此经常侥幸逃过。我又问他，当他考到好成绩或得到老师表扬时，一般都怎么做？

"当然是回家告诉爸妈，他们会很高兴！我希望经常看到他们为了我很开心的样子。"

懂了吗？这就是为什么属下会报喜不报忧的原因。他们沿袭了与父母相处的模式，希望老板或主管认同自己的能力。示好的方式就是呈现自己最好的一面，至于不好的部分，一方面不敢说，一方面想办法去补救，直到眼见就要东窗事发，不得不报时，才会"提头来报"。

带属下的方式，不要跟他的父母一样

怎么改变属下报喜不报忧的习惯呢？就是不要像他们的父母那样对待他们，反过来做就对了！当他报告好消息时，除了赞赏之外，要多问一句："还有没有需要我注意的事情？"他就会说出本来打算隐匿不报的坏消息。相反地，当他报告坏消息时，不要抓狂，也不要骂人，反而要称赞他！

你可能在想：疯了吗？都这时候了，还称赞他什么？

称赞他及时发现了问题！

相信我，属下愿意报告坏消息，才是主管能及时解决问题的开始。这难道不是好消息吗？当然，这是一个最高境界的修养，不容易！可是主管一定要带头这么做，才有办法改正他到最后一刻才报告坏消息的习惯。而且，当他愿意跟你无事不报时，就表示他当你是一家人，不再是陌生人了。

当他做对了，你跟他一起高兴；当他做错了，你跟他一起面对。这才是主管与属下应该建立的关系形态。

有一次，这位同事两眼闪闪发亮地跟我说："你好像我妈啊！"

老实说，我一点都不高兴，那种感觉就像在菜市场被叫"大姐"，或是到医院被实习护士叫"阿姨"一样。于是我正色跟他说："我是你主管，不是你妈！"

为什么特别讲这一段，是因为想让你们知道，有些属下对待主管就像对待父母一样，如果他用错误的方式对待父母，也会用错误的方式对待主管。

所以，下次属下怎么教都改不了时，也许从他和父母相处的模式下手，就会了解问题到底出在哪。而我的建议是，他的父母怎么教他，你反过来，不要那样教他，就对了！

修复与父母的关系，答案在这里

当你和主管相处卡壳时，想想父母，看看主管，褪色的记忆藏有很多你刻意忘掉的不愉快，而那里面就有解决问题的答案。然后，你要做的是，回头修复与父母的关系，在这段也许会失声痛哭的过程中找到与主管相处的解决方案。

至于做父母的，也常常会抱怨孩子什么事都不跟他们说，其实他们不懂，即使不责骂，仅仅表现出焦虑、担心或唠叨，都足以引起孩子的自责，让孩子认为自己不够好，从而关起和父母讲心事的大门，不让父母入侵并伤害他们的内心世界。所以，做父母的要相信孩子有办法处理他们的人生。"他是我们生的带的，不相信他，还要相信谁呢？"

　　当走着父母的老路子时，能够保持高度觉醒，并超越与父母关系模式的人，才会真正收获成功与幸福。

2

离职，是检验情商的最好标准

刘备都三顾茅庐了，更何况你既不是刘备，也不是诸葛亮，只不过是一个初出茅庐的人，还需要别人提携，因此先学会做好这件事吧！

求职的时候，你会不会写上推荐人？

在台湾，我看过的履历中，八成的应征者没写，只有两成写了。这个情形和欧美相反，他们很重视 reference（推荐人），在录取前，录用公司会向前公司确认，了解应聘者的工作能力及道德品格，确保找到的是合适的人才。但是在台湾，即使看到应征者没写推荐人，不少公司也会忽略跳过这一问题，只有少数企业会要求补上。

也就是说，在台湾，小公司多，没写推荐人，无碍求职，顶多后来被要求追补，再补写上也还来得及。

万一，前公司对你的评价不高

现在，越来越难蒙混过关了。有些大企业在面试时，还是会要求应征者另外填写本公司纸质的履历，或是线上填写个人资料，而那些资料的其中一项就是推荐人，还是必填项！

这时候，再来想要写谁是推荐人，或许已经来不及了。

更有甚者，这时会吓出一身冷汗，心想前老板、前主管、前同事未必会帮自己说好话，因为离职前，严重的有和老板翻桌、和主管叫骂、和同事吵架等，轻微的有未完整交接、请假太多、不告而别等。怎么办？

这样说，也许很刺耳，但是——这就是活该！

还好，大多数人都是好聚好散，问题不大。但即使如此，也未必写得出推荐人。

因为，没跟对方打过招呼，首先，不确定对方想不想成为推荐人；其次，不确定对方会不会帮你说好话，万一说的不是好话，那不就越帮越忙吗？你说这是杞人忧天吗？绝对不是！这种情形，的确会发生！我就遇到过。那时我才明白，不是所有老板或主管都会祝福属下一路顺风，迎接大好前程的。

什么都不说，反而令人起疑

故事是这样的：我的朋友告诉我，有一次招聘，来了一个不错的人选，在录用之前，他打电话请教此人的前主管，想要了解他过往的工作能力，以及人格特质、道德品性等，奇怪的是，不论问什么，前主管的回答都是：

"嗯，怎么说？"接着，保持沉默，没有下文。

"这不好说吧！"接着，保持沉默，没有下文。

"或许还可以，不过要看情形而定。"接着，保持沉默，没有下文。

虽然什么也没说，可是沉默会杀死人，你认为这个人还应聘得上新工作吗？当然难如登天！不过我的朋友是死硬派，不容易屈服，又通过关系，联系到这家公司的另一名主管，得到的答案竟然是——别理那位主管说什么，他不会说出好话的！

为什么？

"因为他自己没处去，走不了，对于可以离职高飞的属下，都充满嫉妒。"

办好离职，以后好求职

听到这个原因，你是不是吓了一跳？不过，没有人可以确保不会碰见上面那样的，见不得属下好的主管。所以离职的时候，该做的还是要做，而且要做到位、做好，不求加分，但求不减分。

　　遗憾的是，多数人在求职时，用尽心思；离职时，却随便马虎，心想反正要走了，谁也奈何不了我。这种人最傻。仔细想想，求职再用心，就只能让眼前这一份工作顺利；而离职用心，可以让后面每一份工作都顺利一些。这就是为什么过来人都劝大家留下美丽的背影，让前公司的人愿意为你讲好话，帮助你找到好工作。

推荐人，找谁最有力？

　　再回来谈谈推荐人，这里，我有三个建议：

1. 一定要有两位以上推荐人

　　应聘公司会不会去打听是一回事，但是你写了，就表示自己是值得打听的。光是这一点，就可以多拿几分。一般来说，写两位即可。

2. 一定要和专业有关

　　我看过有人写他的父母，因为他在父母的公司打过工。但你想，企业会参考家长的意见吗？因此建议写前公司的主管、老板，或者重要的客户。选择推荐人的标准是，他们可以具体说出你的工作表现、道德品性。

3. 一定要打声招呼

　　这是基本礼貌，本就没什么需要多说的。目的主要是让对方有所准备，挑选有利于你的内容，不至于被问及时说不上来，出现不该有的沉默，让新公司有所疑虑。

求职前，修补与前公司的关系

最近有位粉丝来问我，他刚退伍，前一个工作做了不到三个月，因为志趣不合。应征的企业要求他提供前公司的 reference，他很担心地来问我："万一前老板不帮我说好话，怎么办？"我给他说了两点建议：

· 老板没有义务帮你说好话，你必须先有这一层心理准备。

· 如果担心老板不帮自己说好话，就想办法去解决这个问题。

怎么解决？不外乎拜访一下，带个小礼物去向老板表达谢意，感谢他三个月的教导。自己从老板身上，学到了哪些事，这里至少举出三个具体的事例。老板再凶恶，也是有血有肉的，一定会感动，心想，原来这小伙子这么崇拜我！原来这小伙子这么有上进心！等到有人来向他打听你，他或许不仅会帮你说好话，还会夸大一些你的优点。

就算这三个月你们有些不愉快，这一趟更是不能省！至少要做到和前老板尽释前嫌。这个结一定要打开，一趟不行，就走三趟，慢慢地就行了。刘备都三顾茅庐了，更何况你既不是刘备，也不是诸葛亮，只不过是一个初出茅庐的人，还需要别人提携，因此先学会做好这件事吧！

录取与否，看推荐人

推荐人，很重要！但是八成的求职者都忽略了。为什么重要？

公司什么时候会想参考前公司的意见？在决定录取与否的前一刻。如果那时还有所犹豫，或是出现两名竞争者，无法定夺，就会打听你在前公司的实际表现，以帮助他做出决定。因此，推荐人是临门一脚，决定录取与否。

总之，求职之前，除了履历自传外，在安排推荐人这件事上，也请一定要用心。

3

你是猎人，还是猎物

有成就的人属于"猎人性格"：目标导向型、心无旁骛，专注于眼前的猎物，抗干扰能力强，不易被不重要的事情影响，容易获得成功。普通的人属于"猎物性格"：视线范围过广，总是注意无关紧要的小事，心思受到牵动，最后就会忘记要达成的目标。

我认识一名大主管（下文姑且称之为赖总），骂起属下来极尽讽刺与伤害之能事，可以把人说得一文不值，让对方认为自己根本是个彻头彻尾的废物。而且，我们其实都看得出来，他尤其爱批评某一位属下（下文姑且称之为林经理）。

比如林经理很受女客户的欢迎，赖总会说："这个林经理，没一样行的，就是喜欢跟女生混，怎么会有出息？"再比如，林经理有抽烟的习惯，赖总会说："连烟都戒不了，还能干什么事？"

总之，在赖总看来，林经理浑身上下都是可以挑剔的缺点，每次都能把林经理批评得体无完肤。可想而知，这两人的关系那是相当紧张。

有成就的人，为什么心理素质高？

妙的是，在赖总跳槽到另外一家企业之后，林经理升职为总经理，在业界享有举足轻重的地位。赖总这时则反过来时不时地邀林总吃饭、打球，亲热得像是多年死党。

在知道这个一百八十度的大转变时，我问林总，难道不觉得"恶心"吗？林总居然斜眼看我，似乎在他眼里我太过斤斤计较了，对我轻飘飘说道："你的想法也太没有高度了。"

然后又回答说："那又怎样？我现在是总经理，目标是经营这家公司，最重要的是追求利益最大化。"

"在经营事业上，没有永远的敌人，也没有永远的朋友，一切看的不过是'利益'。"

听到这里，我只能说，难怪他是"总经理"，我是"副总"，看事情的高度的确有差距。不过，能说是一回事，能做到才是真本事。光是"情绪"这个坎，普通如我的人，的确是不易跨越；而有成就的人，厉害就厉害在这里，不仅能毫不吃力地跨过，还能表现得跟没事人似的。这种能很好地调整情绪的人具有极高的心理素质，比普通人高一等。

可是你有没有想过，为什么有成就的人可以不受情绪干扰，没有其他的心理障碍，从而呈现出较高的心理素质？

依照我的观察，有成就的人可以忽略干扰，而普通的人容易被干扰控制。所以结论是"抗干扰能力"会造成差距。

猎人性格 VS 猎物性格

在地球上，人类是猎人，眼睛长在前面，视线范围窄，只会紧盯着前方的目标猎物；相反，其他动物是猎物，为求安全，演化的结果使得它们的两只眼睛长在左右侧，视线范围宽广，目的在于感知周围突如其来的各种危险。这个视线范围的差异，沿用到职场上，也可以将工作者大概分成以下两种人：

·**有成就的人属于"猎人性格"：目标导向型、心无旁骛，专注于眼前的猎物，抗干扰能力强，不易被不重要的事情影响，容易获得成功。**

·**普通的人属于"猎物性格"：视线范围过广，总是注意无关紧要的小事，心思受到牵动，最后就会忘记要达成的目标。**

所以，像上面赖总突然对林总表示善意那样，当一个过去对自己不好的人一改往常态度，突然向你示好，这两种性格的人也会出现截然不同的反应：

·**有成就的人看到的是"可能性"：他们会紧盯着前**

方的大目标，如果对方可以帮助自己完成小目标，就会勇往直前的地与对方合作，这属于趋利行为，目的在于达成大目标。

· 普通的人看到的是"风险性"：他们会联想到过去的记忆，怀疑对方居心叵测，一定有陷阱，自己必须加以防范，这属于避险行为，目的在于自保。

忘了目标，才会被情绪控制

如此看来，除了"思考的高度"之外，还有"视线的广度"在决定我们心理素质的高低。那么何妨缩小一下自己的视线范围，专注于目标，减少非目标对自己的干扰呢？

在职场上，如果一直受到情绪的干扰。比如，常常觉得很没面子、很不好意思，如果做了什么会有失身份；或者常常觉得自己受到了欺侮，还没行动就开始害怕失败……这些都有可能是因为我们忽略了最重要的目标而产生了困扰。这时候，需要做的事是停下来问自己：

"我的目标到底是什么？"

你是想当一名专注于目标的"猎人"，还是一名会经常受到杂事干扰、陷于情绪的"猎物"。这是一个重要的人生课题，值得静下来好好想一想。

4
坚持不下去时，就学习吧

学习一定有用；学了之后，路，自然而然就会出现。至于是什么路？没人知道。人生是摸索着前进的，充满不确定性，而这也是它能不断给你制造惊喜的原因！我们要做的，就是勇敢跨出第一步！

2018 年 3 月的时候，我去台湾师范大学面试在职研究生。不管最后有没有考上研究生，都要鼓励你，趁现在台湾的大学招生困难，相对来说容易考取，赶快考。与其工作苦闷，或找不到出路、下班后没事干，不妨去念个在职研究生吧！

记得笔试那一天，是同学嫁女儿的日子，大家齐聚一桌，有如开同学会。我跟同学说，早上刚去参加了研究生笔试。大家都惊呆了，纷纷说：

"你知不知道，毕业的时候，你都几岁了？"

可以读在职硕士，为什么不去读？

我当然知道我毕业时是几岁啊，那又怎样？我还没有老到可以上新闻头版头条，所以也不会有记者来报道我。我的年龄不会上新闻，公告给全世界知道，那我又何必在意年龄！况且，比我大的人读研究生多的是，我并不是第一人，别人做得到，我没理由做不到！

不过笔试那一天，我还是被考生们吓了一跳，放眼望去，尽是年轻面孔。当下，我还以为自己跑错了教室，心想：我考的不是在职研究生吗？怎么都是年轻人？结果一名同学提醒我道："不是他们年轻，是你太老！"

这么一说，我才猛然想起来，嗯，我是有那么一点年纪了，我自己差点忘记！从这儿，你就能看得出我的心态有多么年轻！

性价比太高，不读太可惜

报考之后，我逢人就提考研究生这件事，不是想听到赞美，而是想鼓励大家都去考在职研究生。虽然这将会让你有一笔不小的开销，但这件事是值得的！为什么这么说呢？

　　首先，可以选的院系非常多，除了商学院之外，还有越来越多的研究院都在开辟在职研究生项目，选择极多，可以满足你各种知识上的需求。

　　其次，由于是在职班，很多研究院的录取工作只做资格审核，不考试，像师大这样既要笔试又要面试，算是少数，因此门槛不高，容易入学。

　　再次，它是系统的学习，可以帮你扎下更深的基础，不是目前一些补习班或在线学习班可以取而代之的。而且最重要的是，有教授可以当面请教，光是这一点就能体现出很高的性价比。

　　最重要的是，你会有学历！有学历！有学历！重要的事情说三遍！虽然我不把拿到学历视为学习的目的，但是不得不承认，对于还在职场奋斗的年轻人或中年上班族来说，这一纸文凭还是有价值的，有些企业或机构还可以据此加薪。

　　怎么选择院校呢？这得看你的目的与需求而定。不过，如果一时找不到方向，我倒是有两个建议给你：

· 和你未来想做的事相关，读起来将更有动力。

· 尽量跨领域学习，选择与大学不同的科系。

这个学历，无关升职加薪

比如我大学念新闻系，后来念商学研究院，这次考的是心理学的院系。一方面是因为我想在写作方面，增加心理学相关的系统知识，为我提出的一些见解增加理论根据，提高说服力。另一方面，由于经常有粉丝来找我咨询，有心理学教育背景，或许可以提供比较有效的帮助，不至于误导他们。这个心理院系的选择，便符合我以上提的两个建议，不妨参考。

同学的女儿二十六岁，去年考上教师编制，但是她没有选择在离家近的小学执教，反而是跑到另一个城市。一问之下，才知道是考上了那里的研究生，为了读书而选择教书的地点。她念的是中文研究院，因为将来想当语文老师。

就算是这样，我仍然要说，读研究生不见得对你的工作有直接帮助，也不见得与升职、加薪画上等号。这样想不至于最终念完落差感太大、希望落空，认为学习是没用的事。

比如我的前同事是中文系毕业，目前在一家儿童报纸从事编辑工作，白天攻读教育学博士，与工作既相关又跨领域，是很棒的选择。可是在大学担任教授的先生看她"半工半读"，还要照顾两个孩子，非常辛苦，跟她说读教育学没用。她来请教我的意见，我是这么告诉她的："学习一定有用，学了之后，路就会为你开出来。"

至于是什么路？没人知道！人生是摸索着前进的，本来就充满了不确定性，而这也是它能不断给你制造惊喜的原因。我们要做的，就是勇敢跨出第一步！

学习，是苦闷的出口

工作苦闷吗？那么，我更要建议你在职业生涯低潮的时候，念个研究生，为自己燃起一线希望，同时在工作之外，撑起另一根心灵支柱，把注意力转移至学习。学习本身是一件快乐的事，它会是苦闷的一个积极有效的出口。

5

我们都有这样的时候

谁不曾怀疑人生？谁不曾迷失自己？职业选择，是会改变的。随着年龄阶段的不同，生命重心的转移，价值观会发生变化，对工作，我们将做出不同的选择。怀疑人生时，不要跟别人比较，要跟自己计较，问自己："在我的人生中，最重要的事是什么？"

不管在哪个年纪，都是一样的，回头看来时的路，有时会怀疑自己当初的选择是不是正确的。你可能会问自己，如果当初不走这条路，而是像某人一样走了另一条路，人生会不会更加顺遂圆满？

有一名粉丝"开始怀疑人生"，私信问我，她是不是选错职业了？这又是一个让我难以回答的问题，但是我很愿意和大家一起探索这个关乎人生的问题（我们姑且称这名粉丝为 Elle）。

外企十年，月薪六万台币

Elle 在一家全球性大企业任职，也就是所谓的外企，每天加班，从早忙到晚，清醒的时间几乎都在工作，连周末、节假日也要随时待命，与全世界联机。刚毕业时，她非常兴奋，站在世界的中心呼喊着未来，感觉一切都掌握在手里，相信只要循着这条路一直走下去，一定可以遇见美好的梦想，成就一个自我实现的人生。

但十年之后，她累了，觉得外企不如她年轻时想象的那样，因为：

"我这么拼命地冲，薪水也不过六万台币（约人民币13 000 元），值吗？"

后来，她和青梅竹马的那个人结婚，在 2017 年生了宝宝，那时，她自己也到了三十五岁。她心中的怀疑日益加深：没日没夜地工作，没有自己的人生，眼见还要这样继续过下去，没完没了，没有喊停的一天，没有喘息的一刻……这是自己想要过的日子吗？

当然不是！

好吧，那现在，在外企工作不是她要的，她要的是什么呢？

　　老实说，她自己也讲不清楚。因为从读高中起，到外企工作就一直是她的第一志愿，她从没想过别的生涯选择。过年时，她和高中同学相聚，她不仅傻了，整个人都感觉要崩溃了。

　　原来，以前在班上，Elle 和 Penny 这位同学是轮番坐在第一名的学霸，竞争激烈。后来两人一起考上台湾师范大学，毕业后，Penny 选择当老师，目前的薪水和 Elle 一样，还有寒暑假，每天准时下班，照顾两个孩子，因此孩子也教得很好。更令 Elle 郁闷的是，Penny 一边工作，还一边读在职博士，目标是当校长。可这不就是 Elle 现在想要过的人生吗？

　　比较起来，Penny 有家庭生活，Elle 没有；Penny 有时间教导孩子，Elle 没有；Penny 很快就能有博士学历，Elle 没有；Penny 有机会当上校长，管理整个学校的师生职员，而 Elle 没有晋升的机会。这些，就是她的价值体系崩溃、开始怀疑人生的原因。于是，Elle 跑来问我自己是不是选错了人生。

　　其实，时间往回推十年，Elle 并没有选错，也不是她不够努力，而是台湾社会变得太快，外企早已荣景不在，工作机会并非我们所想象的那么多、那么好，没有了高薪、没有了升迁，外企已不再是自我实现的最亮眼的舞台。

外企，不如想象中的好？

在这十几二十年间，除了工厂外移，台湾的经济地位严重边缘化，以前外企在台湾设的是分公司，现在多半只是一个部门，规模极小，人员少的只有一两人，多也不过几十人，不要说没有决策权，连报告都是一层一层往上报：台湾向香港报告，香港向新加坡报告，新加坡向上海报告，上海再向总公司报告……层级有多低，可想而知。

这么一来，还有升迁的机会吗？就算加薪，会多吗？不会的，反而是在裁员的时候，第一个裁的便是位于台湾地区的这些基层单位。工作愈加不稳定，人人草木皆兵，这是 Elle 目前薪水不好，也看不到未来的原因。

然而远在十年前，刚毕业的 Elle 能预见这个结果吗？当然不能！可是，在外企任职十年的 Elle 难道没有优势吗？当然有，而且不少！无论如何，不少外企是全球性企业，制度健全，重视教育训练，在人员的培育上不遗余力，外企人才的平均能力优于本土企业，比如 Elle 自己就具备以下四个优势：

· **外语优势** 。

· **能力优势** 。

· 效率优势。

· 国际化优势。

也就是说，有外企工作经历的人释放到就业市场，是镀了一层金的热门人才，相当抢手！但对于转战本土企业的外企人才来说，最重要的一件事、也是最困难的一件事，就是融入本土企业的职场文化。很多外企人才到了本土企业都待不久，不是工作能力有问题，而是适应企业文化的能力不足。

怀疑人生时，问自己这个问题

Elle 这个年纪，还算年轻，这个年纪要从台湾转战其他地区的外企，不是没有机会，只是困难不小。至于刚毕业或毕业没几年的二十多岁的年轻人，他们已经意识到，台湾的外企一直在缩小规模中，因此直接跳出台湾去工作。我在大陆认识一名在外企工作了五年的人，台湾有一家外企提供高薪高位，想挖他过来，他摇摇头拒绝了。为什么？他说："我怕回不到国际社会。"

那么，怀疑人生的 Elle 后来选择了什么？为了孩子与家庭，她选择进事业单位，再考公职人员，图谋一个稳定的铁饭碗。这个决定，告诉我们一个事实：

职业选择，是会改变的。

随着年龄阶段的不同，生命重心的转移，价值观会发生变化，对工作，我们将做出不同的选择。

怀疑人生时，不要跟别人比较，要跟自己计较，问自己："在我的人生中，最重要的事是什么？"

怀疑人生，是因为迷失了，缺少明确的价值观。这时候要做的，是厘清自己是不是在做自己认为最重要的事？如果是，就让怀疑人生成为淡淡的愁绪，而不是一个扎心的困扰。而人比人，是会气死人的，更无法改变任何现状。

6

漂亮地输，本身就是一种成功

一直以来，我们都是跟成功学习，但活得很普通平凡；如果跟失败学习，要学习什么？失败最珍贵之处，在于告诉你我，哪些路不要走、哪些错不要犯。至于成功，有时真的是天时地利人和，靠的是那么一点运气，不见得求得来。

饭店六福皇宫经营了二十年，于 2018 年年底吹上熄灯号。感觉上，特别不舍。

比起其他饭店，我对它更熟悉。它在我前一个工作地点的附近，有时候跟朋友有约，就会约在一楼的咖啡厅，有时还会在那里借商务报告厅举办会议，也去买过他们很贵的面包来尝鲜……那天看着电视新闻，执行长庄丰如召开记者会，哽咽地诉说着经营失败的原因，看着看着，好像跟自己有那么一点关系。

庄丰如是六福集团第三代最小的孙女，在美国加州理工学院念完酒店管理，二十三岁被紧急召回，主掌刚刚创立的六福皇宫，她认真努力，不像有些富二代成天玩。

她个性很要强，十三年间帮六福集团创立了四家饭店，能力出众，但无奈还是不敌种种原因，包括房租的每年上涨等，最终不得不收手，黯然神伤。

六福皇宫，是庄丰如的第一份工作，而她也是六福皇宫的第一名员工。从开门做到关门，这是她人生的第一次失败，伤心难过、挫败沮丧在所难免。但要知道，未来的人生迎接她的，将是更多的失败，因此要学会与失败共处。

跟失败学习

这个失败的案例，除了预示着台湾的观光产业要有附加价值之外，我打从心底认为，在经营事业上，一次的失败，没什么了不起！你去问所有台面上春风满面的大企业家，难道他们没有失败过？其实，他们失败的次数远远超过成功的次数，只是成功时，敲锣打鼓；失败时，便悄悄地收了。所以我们才会误以为，成功的人每次都成功，成功才是应该的，失败是丢脸的。

可是还有这样一种逻辑：真正应该发生的是失败。

有一次郭台铭到台湾大学演讲，有学生问他事业经营的成功之道。郭台铭回答："不对，你们更应该问的，是我的失败之道，因为我失败的经验比成功的更丰富，能教你们的更多，更值得你们学习。"

一直以来，我们都是跟成功学习，但活得很普通平凡；如果跟失败学习，要学习什么？失败最珍贵之处，在于告诉你我，哪些路不要走、哪些错不要犯。至于成功，有时真的是天时地利人和，靠的是那么一点运气，不见得求得来。

我的朋友在百大企业任职人力资源主管，他跟我说，现在他们在找人，越来越重视"失败学"。这话听起来颇有玄机，到底是什么意思？

过去在面试时，主考官最常问到的是，请你聊聊曾经有过的重大成功经验。现在反过来了，主考官会增加一题，请你说说曾经有过的失败经历，在那个过程中，你学到了什么？对以后的工作有什么借鉴之处？

谁不是天天在失败？

人生，不是得到，就是学到。同样地，在职场上，不是得到成功，就是学到失败。学到，就是历练与成长，是一个人逐步迈向成功的必要养分。成功，从来无法一蹴而就，而是在踩着无数失败的血泊中奋力前进，在路上不小心遇到一个小天使带来的幸运。

所以，失败才是人生常态，成功往往是建立在失败之上的。

谁不是天天在失败呢？

我就是那种天天活在失败里的人，可是我有血、有肉、有神经，当然也会跌入深深的挫败感里。最近足足有两个星期，非常明显，我整个人就像笼罩在一片灰色里，怎么都振作不起来，感到无助与无力。那十多天里，我真的明白得了忧郁症是一种什么样的感觉与情境。

说到这里，你是不是想知道，我发生什么事了？

当失败接二连三地来

那两个星期，我的信心受到了巨大的冲击。我对目标犹豫了，想着一直努力进行中的一些事究竟值不值得，怀疑它们会不会成功。无风不起浪，这样的信心动摇是因为接二连三地收到了各种坏消息，不断地被证明自己失败了。

比如，我考台湾师范大学教育心理与辅导的研究生，分数就差了那么一点，成了备录取。这使得我原来预定的一些工作无法进行下去。再比如，原来春天预计要上线的订阅产品，因为我没有录过音，缺少经验，录制不顺利，必须重新修改全部的文稿，将书面文章改成口播稿。这对于像我这种有"进度控"的人而言，难免增加了无限的烦躁与懊恼。

但值得庆幸的是，活到这么一大把年纪，岁月的历练，让我足以淡定地面对所有的失败。甚至因为我勤于读书，学习到了一些有效的方法，能帮助自己做最好的心态调适。像是以下这两种心态，在过去我是一点都无法容许的，现在我居然包容了它们：

·容许拖延，而且是容许无限期地拖延：我不会要求自己非得要在第一年就考上师大，明年再考不就得了，重考没什么丢不丢脸的。不过别忘了我是注重进度的，拖延也不至于太离谱。至于习惯性拖延的人，还是要守住截止期限比较好。

·容许失败，而且是容许无数次的失败：我不会要求自己非得要第一次就成功，比如录音，每一篇稿子录上二三十次、花上一整个周末也没关系，录到好为止，没什么好急的。

舔自己的伤口，走在风雨中

看得出来吧，我可是天天活在失败里的人，遍体鳞伤，所以一次失败有什么了不起？更何况，谁不是天天都是活在失败中？重要的不是成功，而是在失败中，获得学习，求取进步，总有一天一定会成功，这样就很棒了，不是吗？

　　只要有一天成功了，谁又记得你曾经失败过？如果你无法忘记失败的痛苦，只不过是你还不够努力，努力到足够让自己成功。在这时候，你就要跟自己说：

　　"成功不远了，只差这一步了！"

　　成功，只是无数失败的下一步。

　　为了成功，让我们拥抱失败——即使会经常舔自己的伤口。

7

钝感力，大智慧

敏感的人，是危险来了就害怕；钝钝的人是危险过后才开始害怕。钝钝的人最大的缺点，也是最大的优点，就是想不多！所以他们更大胆，也有张厚脸皮，不太恐惧与羞耻，遇到事情就会全神贯注，针对目标展开行动！

看得出来吧，我可是天天活在失败里的人，遍体鳞伤。你是否经常为了一点小事耿耿于怀？那恐怕是中了"灵敏力"的毒，不妨试试"钝感力"！

越来越多的书，都在谈敏感度或灵敏力，提醒我们不论做人还是做事必须要有敏感度，否则就是傻，会成为大家头疼的人物。因此，当有人说自己迟钝时，就会很紧张，怀疑对方是不是在暗示自己反应慢、不经心、不聪明？结果，搞得大家过度敏感，整天紧张兮兮，压力大到不行，有人还因此身心生病。

的确，敏感度高过了头，并不是好事，必须搭配另一种能力——钝感力。在敏感与钝感之间，找到平衡点。要既能跑百米，也能跑马拉松；既能成功，还能持久性地成功！而钝感力，还可以帮助你更幸福一点、更勇敢一点。

钝一点，更幸福

英国有一对夫妻感情极好。妻子尤其幽默爱说笑，当她六十九岁患癌辞世时，留下一个遗愿，交代先生每天要给浴室的盆栽浇水，口气是难得的严格。先生也真的听话地每天给盆栽浇水，持续了五年，每次都感觉妻子仍然在他身边跟他有说有笑，从未感到孤单寂寞。直到有天要搬家，他想把这盆绿色植物一起带走时，才发现它是盆塑料盆栽！

你是不是仿佛听到，这个生性调皮的妻子在天上捂着嘴巴咯咯地笑。这段故事被女儿上传至推特网，网友都非常感动，说这是"最浪漫的恶作剧"。

很显然，妻子这么做，是为了让年迈的先生有事做，同时防止他的记性退化。但如果不是先生个性迟钝，这个遗愿恐怕也无法圆满完成。不论在爱情还是婚姻关系中，女人经常抱怨另一半迟钝，疏忽了她们的感受；其实换一个角度来想，依照女生的超敏感，随时随地都能制造星星之火，若不是另一半足够钝，早就爆发且点燃一整片森林了。不是吗？

有时候，钝一点，比较幸福；钝一点，关系才能维持得更加长久。亲密关系如此，那在人生这条道路也这么钝，行吗？

当然行，而且更可行！

钝一点，更勇敢

歌手邱比高中念的是"半工半读"性质的建教班，考大学时，数学拿了"大鸭蛋"，上不了一心想去的台北艺术大学。要是别人，早就羞愧地躲到床底下了，可他就是"钝"，钝到厚颜地写信给学校，钝到不懂得求情，只是简单地写道："我数学0分，可以来念吗？"

如果换作其他学校，不仅会无视这封信，估计还会发新闻稿大书特书现在年轻人的态度问题。可是台北艺术大学也很"钝"，注册组居然认真地回了长信跟他说："实得0分和缺考0分不同……"很明显愿意对他的情况做特殊处理。最后，邱比得以由甄试录取进入戏剧系。像这样钝感的人，多不多？按照我在职场多年的观察，这种人属于少数，但表现都不差，甚至有的还挺成功！为什么？

危险过了，才知道害怕

因为当困难来了，敏感的人很容易先假设很多状况，进入负面的想象，产生负面的感受。比如担心丢脸、害怕失败、不想让别人说闲话等，未战先输，恐惧感与羞耻感先一步把他们打败了。光是克服这些心理障碍，敏感的人就要耗掉相当多的时间与心力，最后连漂亮的时机点也一并输掉。

日本心理学博士植西聪说："敏感的人，是危险来了就害怕；钝钝的人，是危险过后才害怕。"因为钝钝的人最大的缺点，也是最大的优点，就是想得不多！他们有胆量，也有一张厚脸皮，不太恐惧与羞耻；遇到事情时，不是去想其他不相关的枝节，或者陷入心理障碍中不可自拔，而是全神贯注在目标上，展开行动，打开新的局面，置身在新的心理状态中。

事后，经常可以听到钝钝的人说："啊，刚刚好危险！""我没有想到事情这么难。""是吗？对方在嘲笑我做不到吗？我没有感觉到。""还好，没想那么多，否则我就不敢去做了。"可是事情已经过了，他们也达成目标了，这样的个性是不是很令人羡慕？

世界越快，心要越钝

在过去，我们不断推崇各种敏感力，尤其在人际关系上。这使得钝感的人很沮丧，以为自己愚笨不聪明，注定一辈子是成绩平平。其实，那是农业社会的思维，那时候生活步调慢，大家看起来都钝钝的，敏感的人相对看起来聪明伶俐，稀有而珍贵。

到了现在的科技社会，大家的速度太快，快到心脏都要停止，因此不得不反着来。就像金城武在的广告里说的：“世界越快，心要越慢。”钝感力又成为一种值得培养的处世能力。让感觉来得慢一些、少一点，可以让人更幸福与更勇敢。

至于敏感，是一种天赋，不该爱用就用，而是不要常用，也不要用得太多。

8
为什么升职了反而更痛苦

当主管是一种历练与挑战，重点在于自我突破和学习成长，不要因为一次挫败就给自己贴上不合适的标签，永远不再尝试。主管做得不好经常不是因为能力不够或不合适，不过只是经验不足，准备还不到位。那么，就承认自己不行。这才是最勇敢的人！

"因为我不想当主管，太太气到跟我闹离婚，有这么严重吗？"

Mike 的太太小芬，是一位知名教授的女儿，当初冒着断绝父女关系的风险，坚持跟只有私立大学文凭的 Mike 结婚。照理说，她应该很支持 Mike。可是，因为 Mike 不想当主管，两人闹得不可开交，小芬的爸爸免不了一顿马后炮：

"我早就告诉过你，要嫁给医生、律师或博士，才会有出息！现在，他连一个经理都干不来，才三十二岁就画下人生句点，后面这辈子毁了！"

当上主管，毁掉一名业务大将

七年前小芬认识 Mike 之初，Mike 刚到业务部，看到客户还会脸红结巴；但今非昔比，他已经不是昔日阿蒙，业务越做越熟稔，加上个性稳定，离职同事的客户都交到他手上，业绩名列前茅，年薪颇丰。

对 Mike 来说，工作虽然辛苦，但一切都值得！他喜欢这种付出多少就获得多少的成就感，而且自己个性外向，喜欢往外跑，工作得非常开心！他也不需要经常加班，下班后可以陪两岁的女儿玩，做做喜欢的木工、跑跑马拉松，对于这样的人生，Mike 满意极了，原本想这样一路做到退休。

后来，老板认为他年轻有冲劲，在一线做了多年业务，了解客户需求，想给他更宽广的舞台，便把 Mike 调到营销部担任经理，年薪开出更加丰厚的条件。但很快，Mike 就惊觉到，主管不是人干的！

每天加班到晚上十一二点，没有加班费，没有补休，假日还不时要举办活动，简直是整个人都卖给公司了，而且目标还未必达成，压力是以前的数倍。因此，营销部的流动率一直非常高。Mike 经常一个人做两三个人的工作，频频出错，几次挨老板的白眼。Mike 为此失眠了一个多月。

"我不知道，当主管有这么累，没有自己，没有家人，也没有健康。"

当了主管又下台，会被笑话？

因此，Mike 想调回业务部，继续当个辛苦却拥有单纯快乐的业务员，可是小芬不赞成，因为除了多出一部分年薪之外，Mike 会有当主管的历练，未来的发展性更大。而且小芬认为，男人就是要有一个头衔，走路才会威风，别人也才瞧得起，这是一种社会肯定。小芬举出以下三个反对的理由：

· 当主管才有出息！

· 当了主管又下台，会被笑话！

· 这次拒绝当主管，老板下次就不会再给你机会！

我了解小芬的心情，她当初铁了心和 Mike 结婚，总是盼着 Mike 能为她争一口气，有个漂亮的职衔、领着一份高薪，让小芬在娘家可以扬眉吐气，证明自己没看错人，没嫁错人。

Mike 并非不懂，可是他痛苦万分地说："不论在精神上或体力上，他实在是撑不下去了，难道要为了面子与对未来的焦虑，把命丢了吗？"

当主管，是很多人的梦想，是对自己能力的肯定，也意味着自己拿到了一把梯子可以一路向上。可是，在爬升的过程中，有的人梦会碎掉，无法负荷当主管的压力。原因不一而足。有的是管理经验不全、有的是同事扯后腿、有的是公司给予的支持不足，有的是老板的期待过高……紧接着，你就会不禁自我怀疑，开始不断到处抱怨，最后，让升迁的美事演变成一场噩梦。

加薪换不回来的快乐人生

到底要不要干呢？

这个问题不难回答，因为只要危及健康、家庭，或已经感到极度不快乐，不论多大的头衔或多高的薪水，都必须放下。不过，难的是心里那一道跨不过的坎，放不下自尊，舍不得薪水，担心别人觉得自己搞砸了，认为自己是个没有能力的人，在背后闲言闲语，从此抬不起头来……这一切都是"面子"在作祟。

直到有一天，Mike 在办活动时昏倒，小芬赶到医院，两人一边哭一边痛下决心。小芬告诉 Mike，每天能够看到 Mike 一脸愉悦地走进家门，是这个家庭最重要的事，是加薪也换不回的生命质量。

经过这件事，总经理让 Mike 调回业务部。告别营销部时，令人惊讶的是，同事们纷纷跑过来给 Mike 一个大大的拥抱，跟他说：

"很高兴有机会当你的属下，这次可惜了，下次一定要考虑回来！"

"等你下次准备好了，请再给我们一次机会，我们一定可以表现得更好！"

此时此刻，Mike 才明白，自己的表现并没有想象中差，只不过是因为自己第一次当主管，太想有所表现，以致太认真、太用力，把自己提早折损了。这一次下台，权当充电，下次再有升迁当主管的机会时，Mike 决定不会错过。而且他有了经验，知道下次该怎么做会更好。

承认自己不行的人，是最勇敢的人

当主管是一种历练与挑战，重点在于自我突破和学习成长，不要因为一次挫败就给自己贴上不合适的标签，永远不再尝试。主管做得不好经常不是因为能力不够或不合适，不过只是经验不足，准备还不到。那么，就承认自己不行。这才是最勇敢的人！那么，何不这样自我勉励：

"当不好主管时，要勇敢下台，总比当一个烂主管来得令人佩服！"

作家朵朵说，时间里藏着一个开关，当你走到某个点，某件事的开关就关了；当你再往前走到某个点，某件事的开关就开了。所以请记得，今年做不好主管，不代表明年还会做不好，有机会仍然可以再试一次，也许开关就开了，一切自然而然、和顺地走下去。

没有一个人是完美无缺的，也没有一个人是万能的，一定有些事是你无能为力的。不要抗拒它，而要接受它，就算从此不想当主管，人生也不会毁了，只要一直往前走，生命就会开出一条新的路。

请相信自己的直觉：放弃当主管，是因为还有更重要的使命等着你！

9

活着，才是最大的报复

不得不承认，死命活着的日子极其难熬，但熬过来之后，一切海阔天空。在职场，每天都会遇到各种困难，即使如此，它们也都不该成为阻挠你去追求自我实现的借口。活着就有机会，不要放弃！

不论碰到多大的困难，都要记得最重要的一件事——活着！

一名年轻朋友有志于写作，主职业是在职场，副职业在媒体。但他消失了一阵子。近日在脸书上解释消失的原因：因为职场写作总是会踩到"雷"，被认识的人对号入座，以为是在写他自己。困扰不断，他也有些灰心，于是暂时停笔了。

我不知道他是否会再恢复写作，但我留言如下：

"写作就是会碰到这个问题，你一定要能够面对，才能继续写下去。"

他这个被人对号入座的问题，我也会碰到，而且还有其他更多的问题！但是你注意到了吗？只要没有其他的工作在忙，我都坚持写作。从星期一到星期五，每天写一篇。也就是说，不管碰到多大的困难，在写作这个舞台上，我一直活着！

有次我下架一篇文章，谈台北地铁月票的价格，讨论这个金额能否支撑台北地铁的永续经营，结果误踩了"政治雷"，被人举报，脸书平台便通知我处理，于是这篇文章就被我下架了。过几天，又有一篇文章被下架，又是误踩了另一个"雷"，在此我就不具体说了。

像我这种作者，难免充满社会意识，时不时要"忧民"一下，可以想见，动不动就会踩到"地雷"。这一定是要有心理准备的。

不过还好，对于我这样在职场三十多年的老人来说，遇到问题，没别的路，就是面对它、处理它，最后放下它。

年轻的时候，遇见一名很难相处的主管。其实我当时绩效不错，但这位主管就是有办法让你觉得自己一无是处。弄到最后，我自己都怀疑起自己来，沮丧到不行。你猜另一名主管怎么劝我？他说：

"最重要的一件事是活着！活着，就有机会。"

不得不承认，那一段死命活着的日子极其难熬，但熬过来之后，一切海阔天空。现在再回头看看，心想，当初那么在意，其实挺好笑的！年纪大了，很喜欢"时间"，这个东西虽然一天一天催着自己变老，但它总是可以让你在过一段时日之后，把东西看通透，看见里面的矛盾、荒谬、无谓的恐惧，最终让事情变成过眼云烟。

你看过这部老电影吗？葛优与巩俐演的，片名叫《活着》，张艺谋导演。后来我读张艺谋的自传，看到里面附了一幅香港的电影海报，才知道这部电影到了香港，改名为《人生》，完全少了人在困境里挣扎着活下来的气味，差多了！比起主人公在历史洪流中面对的生死边缘，以及亲人相继离开人世，却始终活着的顽强，我们在工作或在写作上的问题，真的是不算什么，连提都不值得一提。

活着，就是最大的报复

网上有一句很火的话："活着，就是最大的报复。"世界经典名著《基督山伯爵》是对这句话最有力的印证。

基督山伯爵年轻时，意气风发，赚得第一桶金，娶得美人归。不幸在婚宴当天被陷入狱，在牢里蹲了十四年。最后，他逃狱成功，再潜藏九年洗白，等待一个合理的切入点，顺利进入上流社会后，有仇报仇，有恩报恩，剧情高潮迭起。你一定很熟悉。

重点是，你记得书里最后五个字吗？

"等待，和希望。"

在职场，每天都会遇到各种困难，即使如此，它们都不该成为阻挠你不去追求自我实现的借口。就算此时此刻你无能为力，也请冷静下来，问自己，十年后你还会在乎这件事吗？若是不会，现在又何必在乎？

请记得法国文豪大仲马在《基督山伯爵》里的这最后五个字——"等待，和希望。"

活着，就有机会！不要放弃。

PART 5

不懈的奋斗，在于行动

所有的无能为力，只是不够努力。只
有在岗位上努力做得比别人都好，才有
机会选择更好，而所谓选择，不过是奋
斗赋予人的一种资格。

1

看完以下文字，再做决定也不迟

不论做任何决定，都要记得答案不在当下，答案一直是在未来的。所以，不要在当下找答案，那只会徒劳无功，还会让自己变得软弱无力。把目光放长远，如此一来，目标清晰，能"见林也见树"，做出的决定也会更周全、精准。

做决定从来不简单，站在人生十字路口，谁不曾茫然？

有个年轻的大学生，父母希望他毕业后能去欧美留学，但他不知道自己要读什么科系，于是想从职业入手，了解自己的志趣，以便留学读一个真正有用的科系。他有三个工作选择，问我该怎么决定？

每天都有人来问我这个问题，其实我哪里答得出来？那是读者的人生，我不能替他做决定，也无法为他负责。

所以，通常我给的是做选择的方法。

这位二十一岁的大男孩在思考三天之后，今天很高兴地来留言，说他用了我的方法，结果想通了，也得到了很棒的答案，终于不再迷茫，知道该怎么做出选择。于是我灵光一闪，如果这方法对这么年轻的孩子都有用，或许你也可以试试看。

这个做选择的方法，总共有三个角度：

1. 好友的角度：如果是你的朋友有这个状况，你会想给他什么建议？

这是第一个步骤，叫作"抽离自己"，从好友的角度来看自己的问题，比用自己的角度来看会客观与理性。自己看自己，会夹杂着诸多的感觉与情绪，缠绕着各式各样的问题，比如和家人的纠结、和财务的纠结、和感情的纠结等，不容易就事论事、看清问题的本质。可是从别人的角度来看就不一样，正所谓"当局者迷，旁观者清"，站在旁观者的角度，更能看透事情，直入问题的核心。

比如有一名上班族每天被主管批评，身心受创严重，经常失眠。可是她已婚，两个孩子也还幼小，经济压力沉重，于是她决定咬牙忍耐下去。但亲朋好友都劝她离职，以健康为重。最后，她还是被公司劝退了。为什么？因为她的身心无法负荷工作，做不出效率。如果她能听从好友的意见，也就不必落得如此下场。

2. 时间的角度：如果十年后回头来看这个状况，你会给自己什么建议？

这是第二个步骤，叫作"拉远来看"。做生涯规划，最重要的概念是"以终为始"，先思考未来你想变成什么样的人。这个动作是为了确定人生目标，再来决定从现在开始，要做哪些事。换言之，我们现在做的任何事，目的是成就未来的我们。如果现在不做应该做的事，未来我们一定会后悔。

也就是说，不论做任何决定，都要记得答案不在当下，答案一直是在未来的。所以，不要在当下找答案，那只会徒劳无功，还会让自己变得软弱无力。把目光放长远，如此一来，目标清晰，能"见林也见树"，做出的决定也会更周全、精准。

比如有一名三十五岁的女生来问我，她想到美国攻读博士好不好？这个计划非同小可，至少要花五年时间，以及一大笔资金。于是我反问她，拿到博士学位有什么打算吗？她竟然回答还要再想想，也就是她不确定五年之后的目的，因此攻读博士的规划就让人冒冷汗。

3. 父母的角度：如果是你的孩子，你会给他什么建议？

这是第三个步骤，叫作"站高一点"。一般人在做决定时，很有可能害了自己。但多数人绝对不会害孩子，想尽办法就是要给孩子最好的，希望他们成龙、成凤也不会摔跤跌倒，一路平安到老。所以站高一点，站到父母的高度，思维也许较保守，但一定稳当安全，风险系数相对低很多。

这一点至关重要，可惜经常被年轻人忽略。记得，在做人生规划时，风险必须受到管控，以免一失足成千古恨。

比如一名三十八岁的男性听了一场演讲，听到名人鼓励大家追求梦想，便毅然辞掉学术机构的研究员工作，转而开咖啡店。三年后，不仅赔掉了自己多年的积蓄，还把寡母的养老金一并赔光，成为"卡债族"，悔不当初。可是原来的工作回不去了，没有退路，怎么办？这种例子相当多，都是在追求梦想时一头热，没有做好风险管控的结果。

上面这三个角度，也是三个思考的维度，有助于增加思考上的深度与广度。做任何重大的人生决定时，如换工作、留学深造、结婚等，都不妨一试。

以下为你再度做重点整理：

·第一个是"好友的角度"。虽然属于同一个平面的维度，但是站在不同位置，视角不同，认知就不同，判断也会不同。

·第二个是"十年后的角度"。这属于时间上的维度，跳到未来往回看现在，先有目的，确定方向，再决定现在要用哪些方法达成目的。

·第三个是"父母的角度"。这属于高度上的维度，看得更宽广也更长远，使自己的决定有利于一生的发展，减少做出错误决定的机会。

这三个角度，不只是在做人生规划时用得到，平常工作上做某些决定时，也可以使用，只不过要换成"同事的角度""三个月后的角度""主管或老板的角度"，都很实用有效。

2

当时间改变了领导和你我：离职要趁早

这就像一对爱得死去活来的恋人，不知从什么时候开始，爱走了、情淡了。一切都没有明确的时间点，就算曾有些蛛丝马迹，也不太明显，总觉得是自己多想、多疑，而轻忽了各种微弱的讯息，直到对方以刻薄或攻击性的言语相待，你才知道一切早已发生变化。对方早已不再爱自自己！

我的前同事 Andrew 在上个月底递出辞呈。我以为这是功成身退、光荣的一天，哪知道见面聊起来，才知道那是黯然离去的一刻。

但这个结局，让人难以想象，因为 Andrew 曾经是前老板眼前的大红人，我一直以为他们会携手一起打拼到天荒地老，共创一个灿烂的未来。

就像一对恋人，我们都会祝福他们永浴爱河，白头偕老，以为工作也是如此。

十年前是"明日之星"，十年后一无是处

时光倒回二十年前，我刚进这家公司时，前老板总是伸出大拇指跟我称赞 Andrew，用尽各种赞美之词，比如聪明优秀、勤奋努力，加上国外的生活经验，视野开阔、见解独到精辟，跟他合作总是能迸出美丽的火花。我观察了 Andrew 一阵子，的确不同凡响，是值得期待的"明日之星"，也替老板庆幸找到了这么棒的人才。

后来我离职了，多年没见，再见到 Andrew，居然是他辞职的隔天，原本要恭喜他，可当他聊起后面十年所遭受到的打压、排挤，以及恶毒攻击的言语，我点点头说："你早该走了。"

过去十年，Andrew 每天都做噩梦、说梦话，翻来覆去不易入眠，可是辞职那一天终于入睡了，一夜好眠。而且太太跟他说，那是他十年来第一次没说梦话、没有惊醒，一觉睡到了自然醒。我看了前老板在群组上的发言，明白 Andrew 这十年简直是生活在炼狱之中，发言尽是以下这些内容：

"有人以为自己是超级大牌，认为公司一文不值。"

"如果不想改变，就把位子让出来。"

"利用公司的招牌壮大自己，这是以公谋私。"

不知道从何时起，老板不再爱你了

刚开始看到这些内容时，我吓了一跳，想象不到前老板会写这样的留言，还带着怀疑问："你确定这些是在说你？" Andrew 表示，原来他也以为意指别人，后来这类内容多了之后，才发现所有主管都知道是在骂他，可是Andrew 怎么想都不认为自己是这样的人，为什么老板会把他想得如此差？而且是从什么时候起，老板对他的印象感观有了巨大的改变，Andrew 也完全不知道。

是的，这就像一对爱得死去活来的恋人，不知从什么时候开始，爱走了、情淡了。一切都没有明确的时间点，就算曾有些蛛丝马迹，也不太明显，总觉得是自己多想、多疑，而轻忽了各种微弱的讯息，直到对方以刻薄或攻击性的言语相待，你才知道一切早已发生变化。对方早已不再爱自己！

这就是逼退！

因为老板发现，员工没懂得他的暗示，逼得他下重手、说重话，结果越说越不堪，一次比一次恶毒，目的就是把员工的自信心击溃，员工受的伤害也越来越重。

不懈的奋斗，在于行动

Andrew 说，过去十年他一直想不通，怎么前面十年自己是不可多得的人才，一夕之间却成了一无是处的废人？

家人都劝他要忍耐

逐渐地，Andrew 也失去信心，认为自己毫无竞争力，出去一定找不到工作，于是更不想离开眼前的职位，还跟老板说，他不会离开的，会做到退休的那一天。

我相信，这一句像恋人间的誓言，把老板吓坏了！这是一家中型公司，资源有限，这几年，这一行大不如前，经营艰难，老板根本不想养一个人到六十五岁，于是出手越来越急，急到口无遮拦，什么不该说的话都出口了。越是如此，Andrew 越是心慌，越是不走，两人的关系打成一个死结，越缠越紧，紧到两人都无法呼吸，找不到缓解，找不到出口。

这是很多中年人的处境。当时间改变了老板和你我，是最难堪的时候，你要不要挨下去？

这个答案，真的很难找到。

家人或朋友都会苦苦相劝，咬一咬牙，忍一忍就过了。一方面眼前有家计要扛，另一方面未来的退休金还没赚够。如果不忍下去，好像自己是个意气用事、缺乏责任感、没有抗压性、个性幼稚不成熟的大人。但只有自己心里清楚，再忍下去，整个人的身心都要崩溃了。就在这样要忍或不忍的矛盾之下，蹉跎时间，错过黄金时间，越来越不具有优势，也越来越难离去了。

最后一根压垮人的稻草

幸好，最后 Andrew 还是走了。这种离职通常会存在一个冲击性事件，也就是导火线。Andrew 也有这么一根压垮他的稻草。

那天，老板在没有告知他的情况下，把他的位子撤走，移到一个角落，成为日本人说的"窗边族"。是可忍，孰不可忍。坐到新位子上的那一刻，Andrew 清醒了，明白他永远是过客，而不是这家公司永远的房客，于是静静地把辞呈写了，悄悄地走了。

我问他，老板有没有讲些留人的安慰话，回答是完全没有。一切再明显不过，只不过 Andrew 花了十年才听懂老板的弦外之音，从四十岁到五十岁，浪费了东山再起的黄金时间，非常遗憾。

很多人在年轻时，意气风发、不可一世，绝对料想不到自己也会有这一天。一旦发生了这样的情况，又会怀疑直觉，到最后落得难堪收场。因为大家都害怕离开会很惨，其实不见得。Andrew 告诉我，辞职之后，他才发现自己可以做的事很多，不如自己原来想的路那么窄。当然，过去十年，Andrew 也是一边工作，一边铺路与布局，不算是完全的"裸辞"。

每份工作都是一条 S 曲线

职业生涯像一条 S 曲线，走过成长期、成就期，来到成熟期，下一个阶段就是下滑期。这个下滑期，有人来得早，有人来得晚，但无论如何终归会来。有本事的人不是在下滑期流连徘徊、浪费时间，把自己逼到死角；而是在成就期时，就拉出第二曲线，开创自己的新篇章。

3

专才和全才，哪个更符合人力市场需求

虽然拥有三十年资历，但如果经验单一、专业太窄，老板为什么要为你付更多薪水？年轻的时候，缺少到处碰撞的经验，人到中年就开创不了"碰撞经济"，走不出能力单一的死胡同。

每逢新的一年，回顾前一年，是不是都有种沮丧感？觉得过去一整年认真工作、努力进修，学这学那，但到头来还是觉得空虚，好像什么都没有改变，薪水没加，职位没升，白忙一场，早知道还不如不学出去玩……

根据我的观察，出现上面的问题，不在于你是不是努力学习了，而在于你的学习缺少了系统性，东学西学，看不出目的性与方向，不论学几年还是十几年，都没办法有大收获。

不只是学习，还要系统化

就像我认识的一名二十几岁的女生，她在大医院担任

营养师，平常工作已经够忙了，但下班后还会加时进修。不过学的并不是营养专业相关，而是学做甜点！

你认为这是具有系统性的学习吗？看起来不是，但其实是。

在这里先卖个关子，花点时间来了解什么是系统化的学习。

一位在大企业担任教育训练的主管说，他们在做员工的能力培养时，是有系统性地在以下两类能力上为员工加强：

1. 丰富自己的能力（enrichment）

这是**纵深**的部分，指的是在**自己的专业领域更有深度地学习**，包括学习新的技能、累积新的经验、熟悉新的人脉，最后成为这个领域首屈一指的专家，做到在这个业界，一提到某一专业，大家第一个想到的便是你。

有一名年轻人在做某个工作两年后，认为该学的都学了，已经没有什么可以再学习的了，于是想要换工作。我提醒他，这是因为他把学习的标准放得太低，建议他不妨转个念头，立志成为专家。后来他不仅工作认真、态度谦虚，不时请教前辈，还会主动请求接下新任务。两年后，有一名老板想挖角，薪水给他两倍，原因是业界都推荐这名年轻人："这个专业就是要找他，找他就对了。"可见深化专业能力，是提高个人价值的快捷方式。

2. 扩大自己的能力（enlargement）

这部分属于**横向**，指的是**跨领域学习**，将不同领域的知识与能力混合，跳脱传统的思维框架，给人以耳目一新的创新能力。这是企业越来越重视的部分。比如乔布斯在大学时代，突发奇想地学习字体设计，后来在开发Mac机时，把字体的美学带进去，创造了独步全球的优势。

上面提到的那位年轻营养师，下班后学习与专业不相干的甜点，是因为她想累积电子商务的经验，销售糖尿病患者爱吃的甜点。我们知道，糖尿病患者必须忌口，可这让爱吃甜食的他们心情很糟糕。如此听来，这个项目确实很有市场需求，而这样的创新能力，来自于跨领域的能力混合，足见跨领域学习对创新的重要性。

年轻时缺少"碰撞"的下场

过去，一般人的学习重心都放在丰富自己的能力上面，让自己成为一名专家。但未来，推动时代巨轮前进的，不再是线性思维的科技，而是不连续性的科技。当智能手机问世，有随手拍照功能时，柯达被打垮、Nokia也不见了。这说明有些技术一时可能很抢手，但几年之后或许"一文不值"。于是，便有很多人遭逢中年失业。学有专长的人尤其要小心，避免这种情况的发生。

年轻的时候，我有一名同事叫筑安，直到发生中年危机时，才意识到缺少跨领域能力的严重性。

当时我们在一家出版社共事，都是编辑，四年后我离开出版社，辗转换过几个工作，累积了不少跨领域的经验，比如报社主编、电台营销、报纸的广告与发行，后来在人力资源这行学习网站，还从事了两年写作与出书，同时念了商学研究院，获得了几种证件。而筑安三十年来从没离开过那家出版社，一直都在做编辑。

最近出版社缩编，筑安担心饭碗不保，便放出有意换工作的消息，好不容易有一家出版社愿意录用她，但最多给她五万台币（约人民币一万元）薪水，她很不服气，跟我抱怨："我有三十年资历，他们却给我十年资历者的薪水，这不是在羞辱人吗？"

跨领域的学习，越来越重要

可是筑安没考虑的是，她虽然拥有三十年编辑资历，在企业看来，只等于十年资历。筑安的问题在于经验单一，功能太少，老板为什么要付她更多的薪水？换句话说，筑安在年轻的时候，缺少到处碰撞的经验，人到中年就开创不了"碰撞经济"，走不出能力单一的死胡同。

什么是"碰撞经济"？这是我一个做厨师的朋友告诉我的。今年春节，他传给我一张图片，是他的杰作，看似是日式某种流派的一盆花。仔细一看，除了花果外，旁边还有食物，一块萝卜糕、一颗酸白菜。显然这不是插花，而是一盘料理。喜欢用料理看世界的他留言："台湾阿嬷的萝卜糕，大陆东北的酸白菜，加上现代的美学概念，这就是'碰撞经济'。"

所以未来在学习上，不妨一样是**专业纵深上的精进**，另一样是**兴趣爱好上的跨领域培养**。学习到的东西永远不会被浪费，今天用不到，明天总有机会用到！

4

习惯寻找第三种答案

　　教谈判的书告诉我们，我们给人选项时只能给两个，因为人的大脑是懒惰的，对方会顺着我们设下的选项做出选择，而不论选哪一个，都是我们要的答案。这就是"设局"，心理学上称为"选择性的盲从"。但当你面对的是自己的人生时，可不能用这种"要诈"的方式欺负自己的大脑！

　　每天都有人来问我，要不要换工作？或是要不要离职，跳槽去另一个公司？其实，这个问题本身就很有问题。

　　我没办法回答你，也希望你不要这样问你的未来。因为，你的人生不应该局限在两个选项里。

二选一，让人选择困难

　　这是一个二维式思考模式，要么选择 A，要么选择 B。这本身就是一个大陷阱。

　　可你为什么会来问我？不就是因为难以选择 A 或 B，下不了决心，希望有人直接给你一个答案。但当我说选 A

或选 B 之后，难道你就会听吗？不会的，你还是会恐惧未知、恐惧未来的不确定性。

昨天有一位粉丝私信我，问要不要换工作。我请她具体描述一下实际情况。

她原来是做花艺设计的，有十年资历，后来有些倦怠，也想跨领域学习，于是跳到目前的行业担任业务主管三年。现在人近中年，不免开始认真思考人生的终点要落在哪里，于是她想回到最热爱的花艺设计，而机会也在此时向她招手。

目前这个工作，虽然有业绩压力，但她也算驾轻就熟，再做下去是没问题的，勉强是一个舒适区。相反地，新工作是一个未知数，她无法百分之百把握能愉快地胜任。究竟要不要离职，让她极为挣扎。

我又哪里能铁口直断，让她选择新工作，或是留在原职？不过我倒是给了另一个答案，她听了之后，不断地跟我道谢，一直说没想到会得到这样一个好答案。说起来，我给的是一条路，而不是答案。这条路是什么？

是一个全新的思考模式！

我告诉她，二维的思考模式，要么 A，要么 B，是在逼自己做一个太困难的选择，势必无法下定决心，胶着在问题本身上。困得自己久了，一年或两年后，依然在原地踏步走，疑惑着同一个问题，不曾展开任何行动。

因此我们要做的，是舍弃二维式思考模式。

教谈判的书告诉我们，我们给人选项时只能给两个，因为人的大脑是懒惰的，对方会顺着我们设下的选项做出选择，而不论选哪一个，都是我们要的答案。

比如要跟对方约拜访的时间，不能问对方什么时候方便，而是要根据自己的情况，提出两个选项：明天中午十二点好，还是后天晚上六点好？帮助对方迅速做出决定，而且保证自己一定满意对方选出的时间。

这就是"设局"，心理学上称为"选择性的盲从"，指的是对方在我们列出的选项里，盲从地做出选择。但当你面对的是自己的人生时，可不能用这种"要诈"的方式欺负自己的大脑！要怎么做？很简单，三个思考步骤：

·第 1 步：不要只满足于两个选项。

·第 2 步：永远要问："第三个、第四个……选项是什么？"

·第 3 步：即使选了其中一个选项，还可以往下一层多问一句："我希望有更好的结果，现在这个选项还有调整空间吗？"

236 ◀ 你的奋斗 终将伟大

你的人生，不该只有两个选项

比如说，这位粉丝第一步要突破的，是只有两个选项的思考模式——要么留任，要么离职。要进一步问自己，我想在风险最低的情况下，做自己喜欢的花艺设计，第三个或第四个选项是什么？也就是说，这位粉丝或许可以去想，能不能星期一到星期五在原公司上班，星期六、星期日兼职做花艺。当然这必须和原公司进行沟通协商；或是在原公司上班，另外接花艺的项目来做；或是留任原职，在个人社交平台上开一个花艺设计的粉丝专页……

总之，做选择的原则无二，坚持目标，但在方法上宜保持弹性，尽量找出各种选项。如此思考，选择是不是更多，选项是不是更创新独特了？

每一次的选择，都会决定人生的走向，都是关键的一步，不该用二选一的方式局限生命的宽度。

展现你的创意吧，也许第三个、第四个或第五个选项，才是最适合你的答案。

5

那些曾经伤害过你的人

我们得承认自己是胆小的人，没有勇气去改变，当有人推自己一把，其实是上天在默默地帮助我们去改变。只不过，可能找来的这个人不是慈眉善目的人，使用的方法也很暴力，但平心而论，要不是用这样的推法，推得动你吗？

每个人都是不勇敢的，都很害怕跨出去一步，因为前面的路是未知的、结果是不确定的。所以，如果有人在这时推我们一把，只要不是掉进万丈深渊，而是离开舒适区、减少未来的生涯风险，不管是谁，我们都要由衷感谢他们！

认真工作十年，竟被逼走

最近有个读者跟我私信，提到他的老板逼他走，原来说好的月底才离职，但老板等不及了，月初就把他的计算机锁了、抽屉清空了，他心里非常难过。他在这家公司总共付出了十年的青春，每天兢兢业业、认真勤奋。这样的结局，确实让人心寒。

可是想想看，如果没有老板逼他走，他将会继续留在这家公司，而他现在三十八岁，转眼四十岁，到时要再换一个新工作是更不容易的。

现在老板逼他走，等于逼他提早面对中年危机，其实是多给了他两年，让他有比较多的时间优势去面对未来。你说，是不是要感谢这位老板？

最近我和以前单位的年轻同事碰面，他们问起我当初怎么会离职。他们都认为当时我的工作薪水优渥、平台亮丽，可以尽情发挥才华，领导也很赏识我，每一年给我的奖金都是最高的，我怎么舍得离开？难道是我有先见之明，多年前就看出这个行业会走向没落，成为明日黄花吗？

答案当然是不！

谁舍得离开舒适区？

那是一个无奈的结果，当时有人写诬陷信给公司，我因为年轻气盛、恃才傲物，一气之下离职走人。曾经，我也哭湿枕头，对公司和领导充满怨恨，觉得我这么认真、这么有能力，是你们瞎了眼，是你们对不起我，总有一天我一定要让你们知道，你们做错了决定！将来你们一定会后悔的！

但是多年之后，现在，我站在这个时间点，回头看当时发生的事情，内心却是充满感激。因为冥冥之中，似乎有一股力量把我推离当时的舒适区，让我走向看起来前途未卜的一条坎坷路。但最终，事实却证明那是一条康庄大道，只不过需要时间一步一步把它走宽。

在我年轻的时候，那还是个薪资待遇优渥的工作，很少有人舍得离开，多数同事一直待到被公司逼退，才不得不离开。但那时他们已经四五十岁，很难再找到新工作了，偏偏房贷还在还、孩子还在念书，经济负担沉重，前途一片茫然。

当我们在舒适的环境下，如果没有一个推力，是很难离开的。就算想离开，也会恐惧未来的不可知，以及可能的风险，最终可能又把跨出去的那只脚缩了回来，留在原地。可就算留任，恐惧会离开吗？并不会！因为害怕被资遣裁员的恐惧以后一定会来，那是另一种凌迟和折磨。

我们得承认自己是胆小的人，没有勇气去改变，当有人推自己一把，其实是上天在默默地帮助我们去改变。只不过，可能找来的这个人不是慈眉善目的人，使用的方法也很暴力，但平心而论，要不是用这样的推法，推得动你吗？

感谢推你一把，以及扶你一把的人

上面我提到前一个单位的年轻同事，他们也很想改变，虽然目前的工作看起来还好好的，但年长的同事一个个被裁掉，他们的内心都很害怕，害怕自己就是被裁掉的下一个，可同时又缺乏勇气离开。他们问我怎么办？

我只能老实说，很难怎么办，除非现在轮到他们倒霉，老板和主管把裁员的大刀砍向他们、逼他们走，他们才会不得不离开，走向人生的下一步。否则，他们哪里会有勇气离开呢？

总之，多数人都需要别人推自己一把，否则很难做出改变。当有人用非常暴力的方式推了你一把的时候，也许你现在会怨恨他们，但五年后、十年后，如果你成功了，别忘记回头感谢这些推你的人。

没有他们，就不会有今天的你！

感谢所有前任老板和领导，不管他们对你好或对你坏，都是来帮助你历练和成长的。

6

换跑道，要在最风光的时候

英国管理大师韩迪（Charles Hardy）有个说法，不论产品或人，都有生命周期，高低起伏有如一条 S 曲线，历经四个阶段：成长期、成就期、成熟期、下滑期。最适合拉出第二条曲线的阶段，是成熟期。等到下滑期，被资遣、被裁员、被失业之后，才来发展第二条曲线，为时晚矣！

你有没有想过，年过四十五岁后，如果有一天被资遣，你该怎么办？你是不是在想，不就是另外找个工作吗？

也是！但是在台湾，过了四十五岁，很难再回到原来的行业与职务，做相同的工作，领差不多的薪水。尤其是过了五十岁，能回去的更少。可是不做原来的工作，做其他的，行吗？也不怎么行，其他行业的职位，更加找不着，勉强剩下一些时薪工作，人家还可能嫌你年纪大、动作慢，不见得用你。

中年求职，很少有好工作

就算店家愿意聘用你做时薪工作，一般也会担心中老年人体力有限、不适合，每天大约只安排你工作四个小时，一个月二十二天，赚微薄的工资。可对缺钱的人来说，这点金额是远远不够的。至于受过高等教育的白领精英，做售货员、清洁人员、保安等，也很难满足他们。

怎么解决？

日前我在劳动力发展署银发人才资源中心，给四名六十岁以上的人提供咨询服务，协助他们寻找求职上的突破点，这真是一项超高难度的任务。谈完之后，我有一个很深的感慨，这些人直到这个年纪，老来谋职，真的是为时太晚！因为年纪大了之后，工作既少，薪水也不多，又都是体力活，还缺少保障，基本上都做不久，做久了还可能累出病来，哪里行？

一般人只知道自己会逐渐变老，但好像不知道在职场上，自己的职业生涯也会有走下坡路的时候。以为永远冻龄、永远二十八岁，企业永远喜欢自己、永远不会变心。不会的，这辈子只有两个人会永远把我们看成年轻的孩子，那就是我们的父母。相反地，随着我们越来越老，在多数场合只会是惹人嫌，不过是人家没说出来而已，但我们自己心里要清楚，不要装傻、骗自己。

别等到走下坡路，才想到转业

英国管理大师韩迪有个说法，他说，不论产品或人，都有生命周期，高低起伏有如一条 S 曲线，历经四个阶段：成长期、成就期、成熟期、下滑期。

刚进社会时，从零开始，不断学习，快速成长，这是成长期。等熟能生巧之后，开始有所发挥，有了成就，意气风发。接着四十岁之后，进入成熟期，就像秋天一样收割，此时劳少获多，是最称心如意、最舒适安逸的时候。再下一步，迈向一个转折点，便会逐渐走下坡路，不再受到青睐或重用，必须将权力与工作交棒给年轻人，等待退休。

有的人下滑期来得早、有的人来得晚，如果四五十岁就来到下滑期，觉得自己还可以发挥能力，或是还需要赚钱谋生，韩迪建议，不妨拉出第二条 S 曲线。

问题来了，很多人拉这条 S 曲线，拉得还真不是时候！都是等到下滑期，被资遣、被裁员、被失业之后才开始，为时晚矣！因为这时候没有资源，连自保都难，哪里有办法再拉出第二条曲线？

最适合拉出第二曲线的时期，是成熟期。

可偏偏，你这时所处的环境太舒适了，舒适到让你失去警觉性，缺少危机意识。而这时却是你最有资源、最有人脉的时候，顺风顺水，做什么都手气好，可惜什么事也没做。直到下滑期，运气很背的时候，才想到东山再起，不只事倍功半，还不见得有机会、有资源。

换跑道，要在最风光的时候

我有两个好朋友，马琪与亚莉，同一时间进到一家外企，马琪任职十年之后就率先离职，另外学习新技能，熬了八年，终于熬出头，四十五岁时拿到了亚洲区总代理一职，事业越做越兴旺。可是亚莉一直待在这家外企十七年，原打算做到退休，去年却被辞退，她找了一年都没找到理想的工作，再入职，薪资还不到以前的一半。

我问马琪，她怎么会有先见之明，知道这家外企最后会缩小在台湾的经营？马琪回答她不是先知，但是她知道一年有春夏秋冬，一个人有生老病死，那么职业生涯也会从高峰步向低谷，所以她选择在最高峰，也是最有资源时，转战其他轨道，这样才最是事半功倍、一帆风顺。

但是，她当时是怎么舍得丰厚的薪水，以及响亮的头衔的？而且马琪离开后，艰苦奋斗了多年，刚开始惨淡经营，日子过得不容易，就没有后悔过？马琪说，当然有啊！因为谁能确定未来？可是现在看看亚莉的下场，马琪庆幸当初做了拉出第二曲线的明智决定。

及早拥有第二份收入

如果你现在正是意气风发的时候，别忘了趁此拉出第二曲线。不是劝你离职，而是劝你有第二份收入，比如趁早培养起第二专长，或是有第二份工作、第二种身份、第二个舞台……做什么都可以！就是别将所有鸡蛋全部放在同一个篮子里。万一哪一天被辞了，还有第二份收入撑着，人生才不致崩塌。

总之，不要等到已经失业了，才来想失业的问题；而是要认识到，失业随时会发生，然后问自己，我准备好了吗？我能够拉出第二曲线吗？如果还不能，早点想办法，比较安全稳妥。

7

你必须要养成"自雇能力"

我谈自雇,不谈创业,为什么这么说?因为创业十家有九家倒闭,对中老年人来说难度较大。中老年人重要的是追求稳定与安全,凡带有风险的都别碰!说保守也好,说没志气也好,最重要的就是要保护自己,直到走的那一天为止,不给自己添麻烦,也不成为别人的负担。

为了拯救中年人失业,连续两天,我射出了两支箭:第一支箭,是做好财务规划,老来不要为了赚钱而求职;第二支箭,是未雨绸缪,在职业生涯高峰时拉出第二曲线,预备一顶降落伞,在第一职业坠机时,可以及时打开,救自己一命。

今天,我要再射出第三支箭:离开了组织,你必须要有"自雇能力"!也就是当求职不易、四处碰壁时,你可以不靠组织,而是靠自己谋生,至少图个温饱没问题,还可以存些钱。换言之,组织不想雇用你,你必须要能雇用自己——你有这个能力吗?

中年人谨慎创业

我谈自雇，不谈创业，为什么这么说？

因为创业十家有九家倒闭，对中老年人来说难度较大。中老年人最重要的就是保护自己，直到走的那一天为止，不给自己添麻烦，也不成为别人的负担。

为什么我要苦口婆心，特别叮咛中年人谨慎创业？

因为中年人在求职四处碰壁之后，没办法了，就会考虑死马当活马医，试试创业。想着企业不雇用自己，那就自己当老板吧！结果呢？大多都是血本无归，财务缺口急速扩大，甚至成为黑洞，深不见底，人生下半场就困死在里面出不来，何必呢？

对中老年人来说，伤筋动骨的事风险太大，结果可能无法承受。也许你会说，山德士上校65岁才创业，你看肯德基卖炸鸡不是成功了吗？我也会做叉烧包、饺子，为什么就不行了？你看，除了山德士上校之外，中老年人创业成功的例子鲜少。原因是中老年人一旦创业失败，还有本钱再爬起来的人太少，而创业成功通常是失败多次之后才会发生的事，年轻人才更有机会东山再起，才更有本钱不怕失败。我们看到的大部分创业成功的中年人，他们基本上是从年轻时就一直在创业，经历了几次失败之后，在中年时事业开花结果。

带大家来一次欧洲铁道之旅

既然不是创业，怎么自雇？

以我同学的哥哥为例，他这一生太传奇了！他不仅聪明优秀，还长得帅，一路上的都是好学校，在美国名校拿到信息博士后，不想留在美国，便回了台湾地区任教，后来又嫌教书或做研究为社会添砖加瓦太慢了，便投身政治。你可以想象得到的选举，他都参与了，当然都没选上。结果钱烧没了，只靠在一所私立大学教书的薪水过活。这时他五十七岁，怎么办？

他居然出了一本书，教人怎么搭火车玩遍欧洲。他是个穷其究竟的人，我看过他的书，内容巨细靡遗，详细具体，参考价值极高。接着，他就带大家在暑假组团。第一年有四十人参加，第二年破百人！大家报名太踊跃，可是他和太太两人带不了这么多人，你猜他怎么应付？

提高参加者的素质！他要求大家要读完他的书，参加考试，通过了才可以报名。如此一来，他在带团时就轻松多了，也完全展现了半自助旅行的精神。

听到这里，你是不是已经十分惊讶？后面更令人惊奇！本来这个团只玩二十多天，但大家玩得意犹未尽，于是他把行程延长至四十天，现在则是整整六十天。这么长的天数，报名的人还是不断涌进来。同学的哥哥这时也六十岁了，哪有体力管得了这么大的团玩这么长的天数？最近，有消息传来，他索性成立了旅行社，请人一起来管。

这就是自雇能力！我这位同学哥哥的做法，说穿了，也没什么了不起，不过是一步一脚印，把兴趣做成专业。

第一步先出书，取得信任感；第二步产品化，做成旅游行程；第三步组团，使产品具有变现能力。这三步串起来，就是商业化，形成他赚钱的商业模式。

重新组合你的能力

再来讲另一个例子，一名上班族闲来爱炒股，经营有成，便在网络上开粉丝团，和大家分享他的心得，也欢迎有人来跟他交流，结果粉丝快速成长，后来出版社邀他出书，现在他是畅销书作家，在圈子里颇有名气。

最近他在思考，是不是要辞职，专心经营这个领域，比如到订阅平台做声音产品。因为在一个订阅平台，最热门的讲股票的课程，每月通过订阅就能收入逾百万台币（约人民币 21 万元左右），真是令人动心！

听了这两个自雇者的例子之后，你心里应该会很羡慕，可是你或许会怀疑自己，我有什么兴趣或能力可以拿来赚钱吗？

我有一次上艺术治疗课，听到一位有音乐背景、三十多岁的男性，请教授课的黄暄文老师如何开始从事艺术治疗，以此谋生。黄暄文老师的回答很简单，也很创新，她说："重新组合你的能力！"

接着，她和这位男性共同罗列出了已拥有的各项能力，包括会音乐、会教小朋友、会带小朋友游戏等。这样他可以去小学、儿童组织或机构开课。男学员非常惊讶地说："原来我可以接这么多工作呀！"是啊，很多人从来不知道自己其实是很有价值的！

三个要领

根据这两个例子，可以归纳出三个心得：

1. 储备一项能力，做到专业为止

我同学的哥哥通过铁路去欧洲旅游了十多次，才敢出一本书，才能写出精髓，才有说服力。做股票的上班族做足功课，累积多年经验，才敢开粉丝专页与大家分享心得。没有金刚钻，哪敢揽瓷器活？

2. 打造一个自媒体，做到有名气为止

不论是我同学的哥哥还是炒股的上班族，都在脸书上开设了粉丝专栏，每天发文、与粉丝互动，非常热络，长期下来就会有很忠实的"铁粉"，而他们，是最有力的口碑。

3. 开始向外接私人项目，证明自己有赚钱能力为止

这是很多人最弱的部分，不知道如何将自己的能力产品化、商业化，建立属于自己的商业模式。其实可以先从公益服务切入，比如收到的钱捐给公益团体，试试水温，发现有人买单，就可以正式收费。

如果你还是想不出自己有什么能力，没关系，现在开始培养就行了！只要有开始，就没有开始得太晚或来不及的问题。加油！

8

花一年去做自己想做的事，到底值不值得

　　"自我"对上一辈的人来说是抽象的，对于年轻一代却是实实在在的，一定要紧握在手上，才能感受到自己在世上是真实存在的。在追寻自我的过程中，一定有迷惑、有矛盾，会做错、会失败，出现撞墙期……可是它们都是成长的养分，都会回馈给我们。

　　最近有两条新闻，在很多人的心底点燃了一盏灯，让人温暖了起来，感觉希望一直都有，产生"我也好想这么做"的冲动。

　　第一条新闻，是一家五口用二百五十六天游了二十三国，花费一百三十万台币。夫妻俩三十岁上下，三个幼儿分别五岁、三岁、一岁。为了完成这个计划，一般人认为最重要的两样东西，他们都大胆舍弃。他们卖了房子、辞了工作。做出如此大的牺牲，为的是什么？二十九岁的赖玉婷说："我想通过旅游，让孩子知道很多事情，比如战争并没有离我们很遥远、野生动物和动物园里的动物不一样、学会爱护这个地球，等等。"

去做自己想做的事，企业可以接受吗？

第二条新闻，是年轻摄影师 CJ PAPA 一家四口徒步环岛一圈，花了一百一十二天，孩子一个三岁、一个两岁。起初 CJ PAPA 只是"很想做点什么，试着脱离舒适圈"，加上孩子正值最需要父母陪伴的年纪，于是和太太推着两辆娃娃车就出发了。CJ PAPA 说："我想让孩子在记忆里，有一段漫长的时光，那是和父母一起用脚走过台湾。"

这是典型的新一代人的故事！对年轻人来说，追随内心的鼓声往前进，做自己想做的事，是非常重要的。重要到连工作、金钱、房子都可以舍弃，这是上一代人无法想象的魄力与决心，更是传统社会难以接受的人生节奏。

对于年轻人来说，他们对于自己的人生，是想要百分之百地自主掌握在手里的。但这样令人敬佩的勇气，在面对求职的那一刻，递出来的履历上、工作经历栏里，不时跳出几段空窗期，企业能够接受吗？

在台湾，尤其是大企业，接受度并不乐观。

请假生孩子，都不敢……

每个人都有一个"自我"要去追寻，有很多个梦想要去完成，但多数人最后都未能得到想要的结果。一般人以为，绑住双脚的是钱准备得不够，然而这两对夫妻的故事告诉我们，即使像环游世界这么昂贵的梦想，其实花的钱也不如想象中的多。那么，究竟是什么阻碍了你我的勇敢前行？

答案是：工作！

梦想有很多种，像我的朋友 Ann，则是想生孩子。她是留美硕士，聪明优秀、高挑美丽，今年三十八岁，婚后六年未孕，随着年纪的增长，心里慌得不行，从前年起便开始试探请长假。其实左右也不过两个星期，但领导的态度却很冷淡。每每到了请假前夕，工作却排山倒海袭来，领导总是以人手不够为由，要她再缓缓。几次下来，Ann 越来越不敢请假，觉得领导好像在暗示不同意，那么 Ann 是怎么想的呢？

"我害怕丢掉工作，毕竟这是个稳定又薪水不错的工作，除了不方便请长假之外。"

"如果因此丢掉工作，我已经三十八岁了，要找到工作并不容易，更何况是找到像现在这样的好工作！"

连拥有孩子这么重要的人生大事，都会为了工作而卡住，遑论其他的梦想。可是，这并不是员工多虑了，在台湾，它是铁铮铮的事实！

职业生涯中断，就是"污点"？

最近一位人力资源主管发表文章，一名名校毕业的硕士，在台湾品牌价值第一的公司工作过，休息了一年做自己想做的事。文中未说明是什么事，且让我们想象一下，也许是绕着地球旅游一圈，也许是支持一个公益组织当志愿者，也许是锻炼体魄、挑战铁人三项，也许是写了一本小说……等他再回到就业市场，面试机会却变得极其少。

这位人力资源主管说："我必须坦诚地告诉你，在人力资源这一关就很难过得去了，因为你让我们很疑虑。"

我很不欣赏这种论调，但是说真的，一点都不陌生！因为工作的关系，我常常需要与大企业主管针对履历内容交换意见，发现不论是圆梦或资遣，让职业生涯中断、出现较长时间的空白，对企业来说，都是"污点"，这样的履历被称为"弄脏了的"。在招聘这件事情上，企业有严重的洁癖，几乎神经质，无法容忍任何"污点"。

工作，不是人生的全部

他们想不通，一个有上进心的年轻人，怎么会无缘无故休息一年，去做"与工作前途无关紧要"的事呢？在他们的脑子里，职业生涯就像做一只泰迪熊，一定要塞满，紧紧实实，眼睛不可以凹、鼻子不可以塌，而且要通通塞进与工作前途相关的事。只要哪里没塞满，就是"污点"，就会怀疑求职者的心不在工作上，不能给予信任，这样的求职者也不堪大任。

可是，这种想法，放到现在年轻人的职业生涯布局里，根本是可笑的！

现在的年轻人认为，生涯规划不是"找工作"，而是"经营人生"。他们追求的是人生全面性的满足，工作只是其一，不是全部。他们当然也重视工作，不过更重视生活是否过得有意义、有价值。一个有成就感的人生，不是看得到了多少功名，而是看自己做的事对自己能产生多大的意义、对家人的联结性有多强、对社会的奉献度有多少。如果答案是肯定的，他们可以不在乎它是不是"工作"，也不会在乎它会不会影响前途。

因此，毕业之后，新的一代会将前几年用来追寻自我，即使是工作，他们也要求里面要有自我。"自我"这个东西，对上一辈的人来说是抽象的，对于年轻一代却是实实在在的，一定要紧握在手上，才能感受到自己在世上是真实存在的。在追寻自我的过程中，一定有迷惑、有矛盾，会做错、会失败，会出现撞墙期……可是它们都是成长的养分，都会回馈给我们。

时间表，自己定！

随着人类的寿命延长，退休年纪也跟着延后。未来工作到七十岁或许也不会是新闻，职业生涯也就变得没那么紧迫了，没有一张"什么时间做什么事"的固定时间表，工作随时可以中断，去做自己想做的事，然后再回到岗位继续工作。而这，会变成常态。

这是年轻一代的人生，他们有自己的时间表、自己的节奏感，以及"满意人生"的蓝图，企业非得要接受不可，否则就招不到人才。

9

鞋子合脚，才能跑到终点

不论是工作还是爱情和婚姻，都应该是一双合脚的鞋子。我们要做的，不是去一味地忍耐、适应不合脚的鞋子，让自己陷入无尽的不快乐中，而是要找到一双合脚的鞋子，走得更长远，达成更优的人生目标。

一次，我参加一名离职同事的婚宴，不意外的，场面就像开同学会一样，同时来了一大批各个时期离职的同事。大家平日都忙，很少见面，一见面就忙不迭地相互问候近况，最常听到的是：

"哇，你变漂亮了！"

"那，你就离职呀！"

"离职有这么好吗？"

"当然！离职之后，心情一定变好，人就会漂亮。"

努力无效时，"离开"就是答案

奇怪的是，离开后会变漂亮，不只是工作，连婚姻都是！朋友路过一家以前常去的店，老板娘喊她进门聊一会儿，在上下打量朋友之后，发出不可思议的惊呼：

"你变漂亮了！"

"有吗？"

"是不是离婚了？"

在婚姻中纠葛九年，朋友用尽力气，尝试不断地努力，包括开一家公司让丈夫当老板，让他对自己颐指气使。去年朋友想通了，诉讼离婚成功后，被判支付对方五百万台币（约人民币一百万元）。朋友家财散尽、一无所有。可是在盖完章的那一刻，朋友说她有种终于卸下了重担的感觉，感觉自己像是飘在云朵之间，轻盈而自由。

以前，朋友的脸上总是刻着两个字——悲苦。现在，脸上紧绷的线条柔和了许多，暗沉的气色不见，皮肤浮现光泽。她文了眉，不上妆时依然神采奕奕。她希望即使夜里睡去，仍有一张美丽的脸庞面对微光下的黑暗。老板娘的眼睛尖，朋友的确是变漂亮了。

但令人不解的是，老板娘怎么会料事如神，猜到原因是离婚呢？或许老板娘阅人无数，将心比心，懂得女人的心情。

不过，朋友的故事说明一个事实：人生当中有些问题，如果很努力了，还不能解决，那么离开会是一个好的决定。

工作不快乐太久，离职是好决定

但是，离开并不容易。不论工作、爱情还是婚姻，都要经过长时间的挣扎。很多人会把力气花在自我否定上，以为是自己做得不够多、不够好、太失败，才会需要离开。尤其是刚刚二十出头的年轻人，想要离职时，似乎所有的声音都是在说你抗压性低，说问题在你。可是，这不见得是正确的。

离开是一种解决问题的方法。不论哪里，只要是会让人恐惧、受伤的地方，不必管谁对谁错，都必须尽快离开。即使你"仅仅"是不快乐。只要不快乐的时间够长，也都能构成离去的理由。回到两条并行线的状态，不再有交集，这类的擦肩而过，一点都不需要惋惜。

而你要做的，是努力找到合适自己的东西，包括工作、爱情、婚姻⋯⋯

鞋子合脚，才能跑到终点

人生像一场马拉松，再长都可以跑到终点，只是时间长短的差异罢了。排除个人问题，让人跑不下去的原因，就是鞋子不合脚。而这时候需要的，不是责怪自己跑得不够努力，也不是抱怨公里数太长，而是干脆换一双鞋子。

鞋子不合脚，跑步者脸上的表情一定是痛苦而狰狞的，但只要换上合适的鞋子，会马上感到无比轻松舒服，脸部自然柔和，出现光彩，整个人都会变漂亮。最好的情况是再也感受不到鞋子的存在，它像是身体的一部分，毫无负担、脚步轻快、跑得更远。

不论是工作还是爱情和婚姻，都应该是一双合脚的鞋子。我们要做的，不是去一味地忍耐，适应不合脚的鞋子，让自己陷入无尽的不快乐中，而是要找到一双合脚的鞋子，走得更长远，达成更优的人生目标。